21世纪高等学校规划教材 | 计算机科学与技术

程序设计基础
（C语言版）

魏晓鸣 王晓强 编著

清华大学出版社

北　京

内 容 简 介

本书以 C 语言为载体,讲解程序设计的基本知识与方法。全书共分 11 章,讲解计算机系统组成、程序设计概论、算法设计基础、C 语言基础、基本控制结构、构造数据类型、函数、编译预处理与自定义类型、指针、数据文件、上机实验等内容。

本书对每道程序设计例题都进行了详细的问题分析、数据结构定义、算法流程图设计和源程序设计。上机实践部分讲授了初学者上机操作的必备要领,并给出了程序设计练习题。

本书不仅适用于高等院校电气信息类专业"程序设计基础"课程的教学,也适用于其他专业"程序设计基础"课程的教学。

图书在版编目(CIP)数据

程序设计基础(C语言版)/魏晓鸣,王晓强编著.—北京:清华大学出版社,2012.3
(21 世纪高等学校规划教材·计算机科学与技术)
ISBN 978-7-302-27278-6

Ⅰ. ①程… Ⅱ. ①魏…②王… Ⅲ. ①C 语言—程序设计—高等学校—教材 Ⅳ. ①TP312

中国版本图书馆 CIP 数据核字(2011)第 231190 号

责任编辑:梁 颖 薛 阳
封面设计:傅瑞学
责任校对:梁 毅
责任印制:何 芊

出版发行:清华大学出版社
  网 址:http://www.tup.com.cn,http://www.wqbook.com
  地 址:北京清华大学学研大厦 A 座 邮 编:100084
  社 总 机:010-62770175 邮 购:010-62786544
  投稿与读者服务:010-62776969,c-service@tup.tsinghua.edu.cn
  质 量 反 馈:010-62772015,zhiliang@tup.tsinghua.edu.cn
  课 件 下 载:http://www.tup.com.cn,010-62795954
印 装 者:保定市中画美凯印刷有限公司
经 销:全国新华书店
开 本:185mm×260mm 印 张:12.75 字 数:314 千字
版 次:2012 年 3 月第 1 版 印 次:2012 年 3 月第 1 次印刷
印 数:1~3000
定 价:24.00 元

产品编号:044856-01

编审委员会成员

（按地区排序）

清华大学	周立柱	教授
	覃 征	教授
	王建民	教授
	冯建华	教授
	刘 强	副教授
北京大学	杨冬青	教授
	陈 钟	教授
	陈立军	副教授
北京航空航天大学	马殿富	教授
	吴超英	副教授
	姚淑珍	教授
中国人民大学	王 珊	教授
	孟小峰	教授
	陈 红	教授
北京师范大学	周明全	教授
北京交通大学	阮秋琦	教授
	赵 宏	副教授
北京信息工程学院	孟庆昌	教授
北京科技大学	杨炳儒	教授
石油大学	陈 明	教授
天津大学	艾德才	教授
复旦大学	吴立德	教授
	吴百锋	教授
	杨卫东	副教授
同济大学	苗夺谦	教授
	徐 安	教授
华东理工大学	邵志清	教授
华东师范大学	杨宗源	教授
	应吉康	教授
东华大学	乐嘉锦	教授
	孙 莉	副教授

浙江大学	吴朝晖	教授
	李善平	教授
扬州大学	李　云	教授
南京大学	骆　斌	教授
	黄　强	副教授
南京航空航天大学	黄志球	教授
	秦小麟	教授
南京理工大学	张功萱	教授
南京邮电学院	朱秀昌	教授
苏州大学	王宜怀	教授
	陈建明	副教授
江苏大学	鲍可进	教授
中国矿业大学	张　艳	教授
武汉大学	何炎祥	教授
华中科技大学	刘乐善	教授
中南财经政法大学	刘腾红	教授
华中师范大学	叶俊民	教授
	郑世珏	教授
	陈　利	教授
江汉大学	颜　彬	教授
国防科技大学	赵克佳	教授
	邹北骥	教授
中南大学	刘卫国	教授
湖南大学	林亚平	教授
西安交通大学	沈钧毅	教授
	齐　勇	教授
长安大学	巨永锋	教授
哈尔滨工业大学	郭茂祖	教授
吉林大学	徐一平	教授
	毕　强	教授
山东大学	孟祥旭	教授
	郝兴伟	教授
中山大学	潘小轰	教授
厦门大学	冯少荣	教授
厦门大学嘉庚学院	张思民	教授
云南大学	刘惟一	教授
电子科技大学	刘乃琦	教授
	罗　蕾	教授
成都理工大学	蔡　淮	教授
	于　春	副教授
西南交通大学	曾华燊	教授

出版说明

随着我国改革开放的进一步深化,高等教育也得到了快速发展,各地高校紧密结合地方经济建设发展需要,科学运用市场调节机制,加大了使用信息科学等现代科学技术提升、改造传统学科专业的投入力度,通过教育改革合理调整和配置了教育资源,优化了传统学科专业,积极为地方经济建设输送人才,为我国经济社会的快速、健康和可持续发展以及高等教育自身的改革发展做出了巨大贡献。但是,高等教育质量还需要进一步提高以适应经济社会发展的需要,不少高校的专业设置和结构不尽合理,教师队伍整体素质亟待提高,人才培养模式、教学内容和方法需要进一步转变,学生的实践能力和创新精神亟待加强。

教育部一直十分重视高等教育质量工作。2007年1月,教育部下发了《关于实施高等学校本科教学质量与教学改革工程的意见》,计划实施"高等学校本科教学质量与教学改革工程"(简称"质量工程"),通过专业结构调整、课程教材建设、实践教学改革、教学团队建设等多项内容,进一步深化高等学校教学改革,提高人才培养的能力和水平,更好地满足经济社会发展对高素质人才的需要。在贯彻和落实教育部"质量工程"的过程中,各地高校发挥师资力量强、办学经验丰富、教学资源充裕等优势,对其特色专业及特色课程(群)加以规划、整理和总结,更新教学内容、改革课程体系,建设了一大批内容新、体系新、方法新、手段新的特色课程。在此基础上,经教育部相关教学指导委员会专家的指导和建议,清华大学出版社在多个领域精选各高校的特色课程,分别规划出版系列教材,以配合"质量工程"的实施,满足各高校教学质量和教学改革的需要。

为了深入贯彻落实教育部《关于加强高等学校本科教学工作,提高教学质量的若干意见》精神,紧密配合教育部已经启动的"高等学校教学质量与教学改革工程精品课程建设工作",在有关专家、教授的倡议和有关部门的大力支持下,我们组织并成立了"清华大学出版社教材编审委员会"(以下简称"编委会"),旨在配合教育部制定精品课程教材的出版规划,讨论并实施精品课程教材的编写与出版工作。"编委会"成员皆来自全国各类高等学校教学与科研第一线的骨干教师,其中许多教师为各校相关院、系主管教学的院长或系主任。

按照教育部的要求,"编委会"一致认为,精品课程的建设工作从开始就要坚持高标准、严要求,处于一个比较高的起点上。精品课程教材应该能够反映各高校教学改革与课程建设的需要,要有特色风格、有创新性(新体系、新内容、新手段、新思路,教材的内容体系有较高的科学创新、技术创新和理念创新的含量)、先进性(对原有的学科体系有实质性的改革和发展,顺应并符合21世纪教学发展的规律,代表并引领课程发展的趋势和方向)、示范性(教材所体现的课程体系具有较广泛的辐射性和示范性)和一定的前瞻性。教材由个人申报或各校推荐(通过所在高校的"编委会"成员推荐),经"编委会"认真评审,最后由清华大学出版社审定出版。

目前，针对计算机类和电子信息类相关专业成立了两个"编委会"，即"清华大学出版社计算机教材编审委员会"和"清华大学出版社电子信息教材编审委员会"。推出的特色精品教材包括：

（1）21 世纪高等学校规划教材·计算机应用——高等学校各类专业，特别是非计算机专业的计算机应用类教材。

（2）21 世纪高等学校规划教材·计算机科学与技术——高等学校计算机相关专业的教材。

（3）21 世纪高等学校规划教材·电子信息——高等学校电子信息相关专业的教材。

（4）21 世纪高等学校规划教材·软件工程——高等学校软件工程相关专业的教材。

（5）21 世纪高等学校规划教材·信息管理与信息系统。

（6）21 世纪高等学校规划教材·财经管理与应用。

（7）21 世纪高等学校规划教材·电子商务。

（8）21 世纪高等学校规划教材·物联网。

清华大学出版社经过三十多年的努力，在教材尤其是计算机和电子信息类专业教材出版方面树立了权威品牌，为我国的高等教育事业做出了重要贡献。清华版教材形成了技术准确、内容严谨的独特风格，这种风格将延续并反映在特色精品教材的建设中。

清华大学出版社教材编审委员会

联系人：魏江江

E-mail：weijj@tup.tsinghua.edu.cn

前　言

“程序设计基础”课程是计算机科学与技术专业的专业基础课。它的任务是培养学生应用高级程序设计语言求解问题的基本能力。通过该课程使学生了解高级程序设计语言的结构,掌握基本的应用计算机求解问题的思维方法以及基本的程序设计过程和方法。从提出问题、设计算法、选定数据表示方式,到编写代码、测试和调试程序,以及分析结果的过程中,培养学生抽象问题、设计与选择解决方案的能力,以及用程序设计语言实现方案并进行测试和评价的能力。

C语言是广泛流行的程序设计语言,它既具有高级语言的优点,又具有低级语言的特点,适合于系统程序设计和应用程序设计,程序员使用它几乎能编写任何类型的结构化程序。并且,C++、Java、C♯等编程语言也都是从C语言发展而来的,学生学习C语言也为继续学习C++、Java、C♯等编程语言打下基础。这是本书采用C语言作为编程载体的原因。

本书根据《中国计算机科学与技术学科教程2002》中对“程序设计基础”课程的教学要求,结合作者多年讲授本课程的教学经验编写而成。本书内容主要包括两大部分,共11章。第一部分讲解结构化程序设计的方法和技术,以及实现程序所需的C语言。这部分内容的教学目的是使学生学会应用结构化程序设计的方法和技术,分析、设计、编写一般难度的结构化程序。第二部分介绍Visual C++ 6.0的集成工作环境并给出上机练习题。这部分内容的教学目的是使学生能够应用C语言编辑与调试结构化的应用程序,并初步掌握Visual C++ 6.0编程调试工具。本书的参考学时为76学时,其中,讲授40学时,上机36学时。建议学生再自行安排至少40学时的课外上机,使讲授和上机学时的比例达到1∶2,以达到理想的教学效果。

使用本书时应注意以程序设计为中心、以程序设计方法为主线、以C语言为载体,讲解程序设计的基本概念、基本技术与基本方法,特别要对程序设计例题中的问题分析、数据结构、算法流程图、程序进行重点讲解。建议采用任务驱动教学、案例教学、研究型教学相结合的教学模式,提高学生的学习兴趣和学习主动性。建议将第11章实验报告内容中实验题目的问题分析、数据结构、算法流程图、程序作为相应章节的课外作业,将实验报告内容中实验题目的程序编辑、测试数据与预期结果、程序运行的输出结果、上机出现的问题和解决方法等内容作为上机实验内容。

本书第1章至第10章由魏晓鸣编写,第11章由王晓强编写。全书由魏晓鸣统稿。

在本书的编写过程中得到了许多老师的帮助,在此表示深切的谢意。另外,邵禹、琚苏鸿、李广平同学绘制了全部插图,也对这些同学表示衷心的感谢。由于作者水平有限,书中难免有不足和不当之处,恳请读者指正。

编　者

2011 年 9 月

目　录

第 1 章

计算机系统组成简介

计算机是一种能够按照事先存储的程序，自动、高速地对数据进行输入、处理、输出和存储的系统。计算机系统包括硬件和软件两大部分。计算机硬件是计算机赖以工作的实体，它是电、磁、光、机械等各种物理部件的有机组合；计算机软件指各种程序及其相关文档，它控制计算机按指定的要求工作。

本章从逻辑上简单介绍计算机硬件的组成，使初学者了解开发计算机程序的硬件载体；通过简单介绍软件系统，使初学者了解程序运行的软件环境。在学习"程序设计基础"课程之后，随着学习后续课程，大家会逐步清晰地认识计算机软硬件系统。

1.1 硬件系统

计算机硬件系统是计算机快速、可靠、自动工作的基础。计算机硬件主要完成信息的变换、存储、传输和处理等逻辑功能，为计算机软件运行提供保障。计算机硬件系统主要由运算器、主存储器、外存储器、控制器、输入输出设备等功能部件组成。

为了认识计算机系统的结构，首先回想一下人们如何进行数学运算。当人们进行数学运算时，人们会在大脑的控制下，借助算盘、笔等工具进行计算，并把结果记录在纸张上，以供他人使用。发明计算机的目的是要替代人的部分脑力劳动，把人从繁重的脑力劳动中解放出来，计算机的工作原理实质上是对人类脑力劳动的一种模拟。在计算机系统中，像算盘那样具有运算功能的部件是运算器；像纸张那样具有记忆、保存功能的部件是存储器；像笔那样把原始解题信息送给计算机的部件，被称为输入设备，把运算结果显示出来的部件，被称为输出设备；像人的大脑那样能够控制各部件协调工作的部件，被称为控制器。

目前，我们使用的计算机都是电子计算机，它的内部运算采用二进制数。二进制数以 2 为基数计算，也就是"逢二进一"，在二进制中，只有 0 和 1 这两个数字。其主要原因是 1 和 0 可以用电压的高低、脉冲的有无来表示，具有方便、经济、电子线路易实现性等优点。计算机系统不仅具有快速运算的能力，还能模仿人类的思维活动，如抽象、归纳、总结、计算、联想等。但是，计算机系统的智能是软件系统运行的结果，并不是计算机硬件系统本身具有智能。

1. 运算器

运算器是对二进制数进行运算的部件，好像一个由电子线路构成的算盘。运算器在控制器的控制下执行程序指令,完成各种算术运算、逻辑运算、比较运算、移位运算以及字符运算等。

在运算中,二进制数和十进制数一样,数的位数越多,计算的精度越高。从理论上来讲,数的位数可以任意多,但是位数越多,需要的电子器件也越多。计算机的位数一般是 2 的整数幂,目前计算机运算器的长度一般是 8 位、16 位、32 位、64 位。

运算器由算术逻辑部件(ALU)、寄存器等组成。算术逻辑部件完成加、减、乘、除四则运算,以及"与"、"或"、"非"、移位等逻辑运算;寄存器暂存参加运算的操作数或中间结果,常用的寄存器有累加寄存器、暂存寄存器、标志寄存器和通用寄存器等。

运算器的主要技术指标是运算速度,其单位是 MIPS(百万指令/秒)。由于执行不同指令花费的时间不同,计算机的运算速度通常是按照一定频度执行各类指令的统计值。

2. 存储器

存储器是存储数据和程序的部件。在运算前,需要把参加运算的数据和计算程序通过输入设备输入到存储器中保存起来,即存储器的功能是保存或"记忆"求解问题的原始数据和计算程序。

"位"(Bit)是存储器的最小存储单位,8 位为一个"字节"(Byte),若干位组成一个存储单元。一个存储单元中存入的信息称为一个"字",这个"字"是一个二进制数据或一条指令。一个字包含的二进制数的位数被称为"字长",计算机字长越大,计算精确度越高。存储器包含存储单元的总数被称为存储容量,其单位为 K (1K＝1024)。根据功能的不同,一般将存储器分为内存储器和外存储器。

1) 内存储器

内存储器又被称为主存储器,简称内存或主存,用来存放运行程序的指令和数据,具有存取速度快,可直接与运算器及控制器交换信息等特点,但其容量一般不大。按照存取方式,内存储器又分为随机存储器 RAM(Random Access Memory)和只读存储器 ROM(Read Only Memory)。随机存储器存放执行程序和需要的数据,具有存取速度快、集成度高、电路简单等优点,但断电后信息不能保存。只读存储器存放监控程序、操作系统等专用程序。根据只读存储器的功能和特点,又可以将其分为掩膜 ROM,可编程 PROM 和可改写 EPROM 等。

2) 外存储器

尽管计算机运行程序时,可以使用内存保存活动数据,但内存无法永久保存数据,为此,需要一种无须电力就可以保存信息的存储设备,这就是外存储器。其特点是存储容量大、成本低,但它不能直接和运算器、控制器交换信息,当计算需要时,外存储器可以成批地与内存储器交换信息。目前广泛使用的硬盘、U 盘、光盘等都是外存储器。

3. 控制器

控制器是计算机的"神经中枢",它是指挥计算机各个部件按照指令要求协调工作的部件。运算器和控制器合在一起被称为中央处理器,简称 CPU(Central Processing Unit)。控制器由程序计数器(PC)、指令寄存器(IR)、指令译码器(ID)、时序控制电路以及微操作控制电路等组成。其中,程序计数器对程序中的指令计数,使得控制器能够依次读取指令;指令寄存器在指令执行期间暂时保存正在执行的指令；指令译码器识别指令的功能，分析指令的操作要求；时序控制电路生成时序信号，协调在指令执行周期内各部件的工作；微操作控制电路产生各种控制操作命令。

运算器只能完成加、减、乘、除四则运算及其他一些辅助操作。对于比较复杂的运算题，计算机在运算前必须将其划分成若干步简单的加、减、乘、除等基本操作，每一个基本操作被称为一条指令，求解一个问题的一串指令序列，被称为该问题的计算程序，简称程序。

存储器一般将指令和数据分开存放，存放在存储器中的程序（指令序列）被称为存储程序，存储程序按地址执行，控制器依据存储程序控制计算机协调地完成计算任务，这被称为程序控制。这就是冯·诺依曼设计计算机的思想，也是机器自动化工作的关键。

4. 输入输出设备

输入输出设备（简称 I/O 设备）又被称为外部设备，它是计算机与外部交换信息的渠道。常用的输入设备有键盘、鼠标、摄像头、扫描仪等，常用的输出设备有显示器、打印机、音箱等。

1.2 软件系统

计算机解决各种实际问题不仅需要计算机硬件，还必须有计算机软件（程序）的支持。可以说硬件是躯体，软件是灵魂。计算机软件既是人机界面，又是计算机系统的指挥者。它规定计算机系统的工作，包括各项计算任务的工作内容和工作流程，以及各项任务之间的调度和协调。计算机软件通常分为系统软件和应用软件两类。

1. 系统软件

系统软件的主要功能是对计算机系统进行管理、控制、维护以及提供服务，它提供给用户一个便利的操作界面和编制应用软件的资源环境，是用户使用计算机必不可少的软件。系统软件包括以下 4 类。

（1）操作系统。

（2）各类程序设计语言的编译软件、解释软件等。

（3）数据库管理系统。

（4）系统维护和管理程序等各种服务性程序，如诊断程序、计算机系统或磁盘诊断与修复程序等。

操作系统是一种管理计算机系统硬件资源，控制程序运行，改善人机界面，为应用软件提供支持的软件系统。操作系统是自动管理计算机系统的控制中心，它根据用户需求按一定的策略分配和调度计算机系统的硬件资源和软件资源。从资源管理角度来看，操作系统的功能主要有处理机管理、存储器管理、文件管理和设备管理。

MS-DOS 是 Microsoft（微软）磁盘操作系统（Microsoft Disk Operating System）的简称，它自 1981 年问世以来，随着版本的不断升级和功能的不断增强，得到迅速普及，被广泛应用于 PC 及其兼容机，其功能主要有磁盘文件管理、输入输出管理和命令处理。

Windows 是 Microsoft 公司开发的基于图形界面、多任务的操作系统，又被称为视窗操作系统。它在计算机与用户之间提供一个窗口，用户通过这个窗口直接使用、控制和管理计算机，不再采用 DOS 的命令行方式。Windows 的推出使计算机用户操作计算机的方法和软件的开发方法产生了巨大变化。

UNIX 是一个通用的、多任务的、交互式的分时操作系统，它在多种型号计算机中得到广泛应用。UNIX 从美国 Bell（贝尔）实验室诞生至今，一直是影响比较大的主流操作系统之一，它结构简单、功能强，可移植性和兼容性都比较好，被认为是操作系统的代表。

Linux 是一种可以运行在微型计算机上的免费的 UNIX 操作系统。它也是自由软件和开放源代码发展中最著名的例子，其内核等核心代码都是完全免费的。

语言处理程序包括汇编程序与各种高级语言的解释程序和编译程序，其任务是将用汇编语言或高级语言编写的源程序，翻译成能被计算机硬件直接识别和执行的机器语言。没有语言处理程序的支持，用户用汇编语言和高级语言编写的应用软件就无法在计算机上执行。

数据库系统是一种对有组织的、动态存储的、有密切联系的数据集合进行统一管理的系统，由数据库管理系统 DBMS（Data Base Management System）、存储于存储介质上的数据和应用程序组成。DBMS 是数据库系统的核心部分，它提供了对数据库中的数据资源进行统一管理和控制的功能，是用户程序与数据库中数据之间的接口，由一系列软件组成。典型的数据库系统有 Oracle、SQL Server、Access 等。

2. 应用软件

应用软件是特定应用领域专用的软件，如文字处理、财务管理、聊天通信、自动控制、企业管理、工程设计、科学计算软件等。随着计算机的广泛应用，应用软件种类越来越多，已经应用到日常生产、生活的各个方面。

应用软件中应用面最广、影响最大的是文字处理软件。目前，使用比较普遍的办公软件是 Microsoft 公司的 Office 办公套件。办公自动化的内容涵盖很多方面，文字处理、表格处理和演示文档处理是其最基本的 3 项功能。Office 的中文字处理软件是 Word，表格处理软件是 Excel，演示文档处理软件是 PowerPoint。

Word 是一款通用的文字处理软件，适于制作各种文档，如公文、信函、传真、报刊和简历等。Word 功能强大、界面友好，为用户提供了一个智能化的文字处理平台。

Excel 是一款表格处理软件。使用 Excel 不仅能够方便地制作出各种电子表格，还可以进行数据分析和统计工作，特别是能用各种统计图表的形式直观地显示数据。Excel 具有十分友好的人机界面和强大的计算功能，已成为国内外广大用户管理财务、统计数据、绘制各种专业表格的得力助手。

PowerPoint 是一款专门用于制作演示文档（幻灯片）的软件。PowerPoint 广泛用于学校教学、会议研讨、产品演示等方面，是目前流行的演示软件。

第2章 程序设计概论

2.1 程序设计

程序设计是利用计算机能够识别和处理的语言,表达出要解决问题的求解步骤和每个步骤的解法,即编写程序。需要解决的问题就是"任务",任务是通过把求解任务的程序交给计算机进行处理完成的。程序设计以算法和数据结构为基础,以程序设计语言为工具,应用规范的程序设计方法,涉及编码实现、调试和测试等理论和技术。

2.1.1 程序

用计算机语言把问题的算法和数据结构表达出来的结果就是计算机程序。它是为完成某个任务而设计的,是由有限步骤组成的一个有机指令序列,即程序是指令序列。程序由程序员设计编写,它描述问题的各个对象和处理规则。程序是一个静态过程,而程序在计算机中的执行是一个动态过程。

PASCAL 语言的创建者沃斯(N. Wirth)给程序一个简明而确切的定义:

算法 + 数据结构 = 程序

算法指明了程序的运算过程,数据结构则指明程序运算对象的数据类型以及数据之间的关系,针对要处理的对象,设计恰当的数据结构可以简化算法,算法和数据结构是程序的两个重要方面。

程序的性质主要包括以下 5 个方面。

(1)目的性:程序必须有明确目的,即解决什么问题。

(2)分步性:程序分成许多步骤,不可能一步就解决问题。

(3)有序性:程序是解题步骤按一定顺序的有机排列,不是随意的堆积。

(4)有限性:解题步骤必须是有限的,不能是无穷多的,否则计算机无法实现。

(5)操作性:程序总是对数据施加各种操作。

2.1.2 问题求解与算法

经过适当说明与分析一个给定问题之后,必须建立一个在有限步骤内求出问题解的方法,这就是算法。算法是一个过程,由一套明确的规则组成,这些规则指定计算机操作的步骤和顺序，以便计算机用有限的步骤解答出给定的问题。算法是对解决问题有限操作步骤的描述，它明确了给定问题的解答过程。

1．算法特性

（1）算法是由一套描述规则组成的一个准确完整过程。
（2）组成算法的规则必须是明确、准确和精确的。
（3）算法中的操作必须按一定的顺序执行。
（4）算法必须给出指定问题的正确结果。
（5）算法的执行必须在有限步骤内完成，即必须在有限的步骤内得到结果。

通常情况下，一个问题的解决方法不是唯一的，即一个问题的求解算法是多种多样的。例如，对任意个数从小到大的排序问题，可使用的方法多达十几种。

2．确定算法的主要方式

（1）选择算法。算法是现成的，通过查找资料可以直接使用。数据结构、数值分析等专业书籍专门介绍各种问题的求解算法，可以根据求解问题特点，分析、选择、确定资料中介绍的各种算法。
（2）改进算法。没有可以直接使用的现成算法，但是有相似问题求解的算法，可以改进相似算法，得到所需算法。
（3）设计算法。没有现成或相似的算法，需要设计算法。

3．选择算法应注意的问题

在选择或设计算法时，应考虑算法的兼容性和可靠性。可以通过典型实例分析，验证设计算法的正确性。还必须注意实现算法的存储空间要少，运算时间要短，并且易于阅读和理解，实现方法简单可行等。

2.1.3　算法与数据结构

计算机处理的对象是数据，数据是描述客观事物的数、字符以及所有计算机能够接收和处理的符号集合。客观事物的多样性导致数据形式的多样性，各种不同形式数据采用的数据类型标识是不同的，如整数类型数据的类型标识为 int，实数类型数据的类型标识为 float或 double。数据类型是在程序设计中可以使用的变量种类，即变量可能取值的集合。数据类型不仅定义一组形式相同的数据，还规定数据能够参加运算的规则。例如，C 语言不仅提供实型、整型、字符型等基本数据类型，还提供数组、结构、联合、枚举、指针等构造数据类型。可以把数据类型看作是程序设计语言提供的数据结构。

数据结构是指一组类型相同的数据，按照特定关系组织起来的构造方式，它描述参与运算处理的数据间的组织形式和结构关系。

数据结构与算法具有密切关系，只有明确问题的算法，才能更好地构造数据结构。但是，要选择好的算法，又常常依赖于良好的数据结构。因此，数据结构是选择和设计算法的基础。

例如，要从任意 n 个不同的自然数中找出其中最小的数。在设计程序算法时，算法的确定依赖于所选择的数据结构。

(1) 当数据结构为：

x：任意自然数；

s：求出的最小数；

n：自然数个数；

i：计数器，记录当前处理的自然数个数。

算法如下：

① 读入 n，确定自然数个数；

② s＝maxint，表示把系统最大值 maxint 存入 s 中；

③ i＝1，表示处理自然数从第一个数开始；

④ 当 i!＝(n＋1)时进行循环处理，确定最小值。具体操作为：

```
读入 x
如果 x＜s 则 s ＝ x
i ＝ i＋1
```

⑤ 输出 s 值；

⑥ 结束。

(2) 当数据结构为：

x：任意自然数；

A[100]：一个整数类型的一维数组，此数组最多存放 100 个整数；

n：自然数个数；

i：计数器，记录当前处理的自然数个数。

算法如下：

① 读入 n，确定自然数个数；

② i＝1，表示处理自然数从第一个数开始；

③ 当 i!＝(n＋1)时循环读 x，把 n 个数存入数组中。具体操作为：

```
读入 x
a[i]＝x
i ＝ i＋1
```

④ 对数组 A 中的数进行从小到大排序，结果 a[1]中的数是数组中的最小数；

⑤ 输出 a[1]的值；

⑥ 结束。

从上述例子中可以看出，采用的数据结构不同，相应算法也不相同。

2.1.4　算法与计算机语言

当解决一个问题的算法和数据结构确定后，还需要用计算机语言把问题的算法和数据结构表达出来，这样才能实现计算机对问题的求解。计算机语言是表达算法的工具，其本质是一种记号系统，它由词法、语法和语义等几个方面定义。

1．词法

任何语言都具有一个自身能接受的符号集，即符号表。词法确定了符号表中字符串的组成规则。词法具有如下特点。

（1）一种程序设计语言只使用一个有限字符集作为符号表。

（2）单词符号是语言中具有独立意义的最基本结构。

语言中的单词符号主要包括常数、标识符、保留字、运算符和分界符等。

2．语法

语法是构成程序的规则。语法规定了如何由单词符号组成更大的结构，语法具有如下特点。

（1）语法比单词符号具有更丰富的意义。

（2）程序书写必须服从语言的语法格式。

（3）不同语言的语法规则是不一样的。

（4）由于同一种语言可能存在多种版本，不同版本的同一种语言的语法不完全一样。

语法规则主要包括表达式、语句、分程序、过程和函数等方面。

应用高级语言可以表达算法和数据结构，高级语言是一类接近自然语言的计算机语言，其特点如下。

（1）接近于数学语言和自然语言，比较直观。

（2）易读，易写，易于交流、出版和存档。

（3）有利于防止程序出错，便于验证其正确性，发现错误易于纠正。

（4）编程代价低而效率高。

（5）独立于机器，具有标准版本。

（6）同一程序可在不同的机器上执行，用户无须针对具体机器重新编程。

2.1.5　程序设计的一般过程

程序设计就是根据求解问题，首先提出具体的运算操作任务，然后设计、编制、调试能够正确完成该任务的计算机程序。简言之，程序设计就是编制程序的过程。

一般程序设计是指传统的简单程序设计。对给定问题进行程序设计的主要工作是：选择能够解决问题的合适算法，确定问题的数据结构。一般程序设计的方法和步骤如下。

1．确定解决方案

确定解决方案包括分析问题、建立数学模型和确定算法等几方面内容。应用计算机解决问题，必须将问题以数学形式描述，这就要求把实际问题转化为数学问题，即分析问题和构造数学模型。一个问题的数学模型建立完成后，就可以根据它建立便于计算机处理的算法。

2．描述算法

解决方案确定后，需要用算法描述工具对其进行描述，算法的初步描述可以采用自然语

言,然后逐步将其转化为程序流程图或盒图等。这些描述方式简单明了,可以明确表达程序
设计思想,便于程序调试。

3. 编写调试程序

根据算法的描述,选择合理的语句编写并调试程序。

4. 程序测试

编制程序是一项十分细致的工作,人为出错的可能性较大。必须对编写的程序进行严
格的测试并作适当修改。

2.2　程序设计语言

2.2.1　程序设计语言分类

计算机语言通常分为3类,即机器语言、汇编语言和高级语言。

1. 机器语言

机器语言依赖于机器,即不同的计算机使用不同的语言。机器语言程序由许多机器指
令组成,每条指令由操作码指示做什么运算,由地址码指示对哪个单元的数据进行运算,并
且,数据和指令必须分别放在不同单元(地址)中。

计算机只能存储与识别二进制数据和指令,所以,在机器语言中,每条指令的操作码和
地址码都用二进制(或八进制)编码,存放数据和指令的地址也用二进制(或八进制)编码,数
据也需要预先转换成二进制。因此,机器语言也称为二进制语言。

计算机可以直接识别与执行机器语言程序,执行效率较高。但是,人工编写机器语言程
序比较烦琐,易出错,编写的程序也不能在不同的计算机上使用。

2. 汇编语言

汇编语言也称为符号语言,它用符号代替机器语言中的二进制编码,这样比较直观,不
易出错。但是,汇编语言源程序不能被计算机直接识别和执行,必须被汇编程序(系统软件)
转换成机器语言(目标程序)后,才能执行。如图2.1所示。

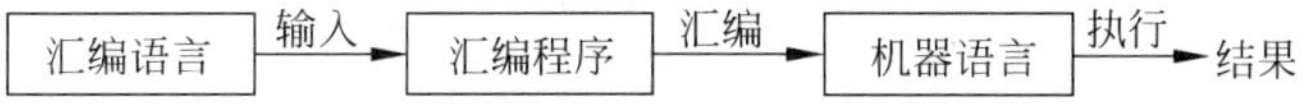

图　2.1

汇编语言仍然依赖机器,不同的计算机有不同的汇编语言,不能通用。并且,汇编语
言与机器语言是一一对应的,一个复杂程序将包括许多汇编语言指令,写起来仍比较
烦琐。

3. 高级语言

无论是机器语言还是汇编语言都是面向硬件的具体操作，这种语言对机器过分依赖，要求使用者必须对硬件结构及其工作原理都十分熟悉，非计算机专业人员难以做到。计算机的发展促使人们去寻求一些与人类自然语言相接近，并且能被计算机接受的语义确定、规则明确、自然直观和通用易学的计算机语言，这种计算机语言就是高级语言。如 BASIC、PASCAL、C、COBOL、FORTRAN 以及 C++、C♯、Java 等。高级语言与上述两种语言不同，是面向用户的语言，它的出现使得计算机软件开发变得容易，推动了计算机的普及和发展。

高级语言又有过程、非过程和面向对象之分。过程化语言是指编写的程序包含一系列描述，这些描述告诉计算机如何执行这些过程来完成特定的工作。过程化的编程语言适合那些顺序执行的算法，用过程化语言编写的程序有一个起点和一个终点，程序从起点到终点执行的流程是直线型的，即计算机从起点开始执行写好的指令序列，直到终点。比如BASIC、PASCAL、C、COBOL、FORTRAN 等都是过程化语言。非过程化语言只需要程序员具体说明问题的规则，并定义一些条件即可。即只需要程序员说做什么，具体怎么做不用描述，语言自身内置的方法把这些规则解释为一些解决问题的步骤，这样，就把编程重心转移到描述问题和其规则上，而不再是数学公式。因此，非过程化语言更适合思想概念清晰，但是数学概念复杂的编程工作，这种语言的代表是数据库查询语言 SQL。面向对象语言建立在用对象编程的方法基础上，对象就是程序中使用的"实体"或"事物"，例如按钮、菜单、对话框等都是对象。在面向对象程序设计中，对象是需要创建的基本元素。另外，同一对象可以用在不同的程序中，这也提高了编程效率。C++是支持面向对象的 C 语言，Java 是以 C++为基础的更适于网络编程的面向对象语言。

计算机也不能直接识别和执行高级语言程序。高级语言程序（源程序）必须先经过编译程序（系统软件）编译成机器语言程序（目标程序）后，才能执行。如图 2.2 所示。

图　2.2

2.2.2　高级语言编译器

高级语言编译器是把高级语言源程序编译为机器语言的编译程序。高级语言编译器一般由词法分析、语法分析、语义分析、中间代码生成、代码优化、目标代码生成、错误检查和处理及信息表管理等模块构成，各模块的主要功能如下。

1. 词法分析

词法分析程序按照编译程序要求的内部格式，把源程序转换为单词序列。即识别出源程序中的各个基本语法单位，如单词或语法符号；删除无用的空白字符、回车字符以及其他与输入介质相关的非实质性字符；删除注释；进行词法检查，报告发现的错误。

2. 语法分析

语法分析程序以词法分析程序的输出作为输入,分析源程序的结构,判别它是否为相应程序设计语言中的一个合法程序。

3. 语义分析

任何一种程序设计语言都具有两方面的特征,即语法特征和语义特征。前者用来定义语言各语法成分的形式或结构,后者则用来规定各语法成分的含义和功能,即规定它们的属性或在执行时应进行的运算或操作。语义分析程序就是确定各语法成分的含义和用途,以及应进行的运算和操作。

4. 中间代码生成

为了处理方便,特别是为了便于代码的优化处理,通常在语义分析后不直接产生机器语言或汇编语言形式的目标代码,而是生成一种介于源语言和目标语言之间的中间语言代码。中间代码生成程序就是根据语法结构的语义,并结合分析时所获得的语义信息,产生相应的中间代码。

5. 代码优化

为了得到质量较高的目标代码,代码优化程序对中间代码进行优化处理。这里讲的质量通常有两个衡量标准:一个是目标程序所占用存储空间的大小,即空间指标;另一个是目标程序运行时需要时间的长短,即时间指标。

6. 目标代码生成

目标代码生成程序以语义分析或优化处理所产生的中间代码作为输入,根据前面各阶段对源程序进行分析和加工得到的有关信息,将中间代码翻译成机器语言或汇编语言形式的目标程序。

7. 错误检查和处理

编译器在编译过程中一旦发现源程序中存在错误,一般并不立即停止编译,而是定位错误,分析错误原因,打印提示信息,并以一定方式跳过错误语句继续编译后面的程序段,这些工作由错误检查和处理程序完成。

8. 信息表管理

在编译过程中,需要经常收集、记录或查询源程序中出现的各种量的有关属性(信息)。为此,编译程序需要建立或持有一批不同用途的表格,如常数表、各种名字表、循环层次表等,通常将它们统称为符号表。信息表管理程序完成所有表的创建和查询工作。

把源程序翻译成机器语言程序的过程称为编译,编译生成的程序称为目标程序或目标代码。从源程序产生可执行程序的过程是:分别编译各个源文件,得到各自的目标代码,用连接程序把这些目标代码连接起来,得到最终的可执行程序。如图 2.3 所示。

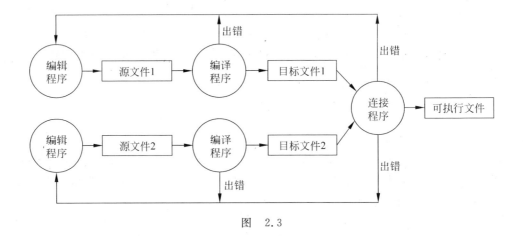

图　2.3

2.2.3　高级语言程序的基本结构

高级语言程序是由 n 条高级语言语句组成的程序文本，它具有层次结构，代表的语义是单一的、确定的。虽然不同的高级语言程序结构具有不同的风格，但是，它们的基本结构是相似的，例如 C、C++、C♯、Java 等语言程序。这些高级语言的程序一般由若干个文件构成，文件由类型定义、函数等构成，函数由多条语句按照一定的编程风格构成，其编程风格可以是面向过程的结构化或模块化程序设计，也可以是面向对象程序设计。

下面通过一个简单程序介绍 C 语言程序的结构。

为了能看出 C 语言程序的结构，特意把这个简单的程序写得复杂一些。在读这个程序时，大家需要注意程序的概貌而不是细节。

【例 2.1】　计算半径为 r1 和 r2 的两个同心圆之间环形面积的程序。

```c
# include < stdio. h >
/* -------------------- 函数 1 --------------------- */
double abs(double x)
 {
    if (x > = 0) return x;
    else return - x;
    }
/* -------------------- 函数 2 --------------------- */
double power(double x, int n)
 {  int i;
    double p;
    i = 0;
    p = 1;
    if (i == n) return p;
    else
        while(i < n)
          { p = p * x;
             i = i + 1;
              }
    return p;
```

```
     }
/* ------------------- 函数 3 ------------------- */
double area(double r)
{   double s;
    s = 3.14 * power(r,2);
    return s;
    }
/* ------------------- 函数 4 ------------------- */
int main( )
{   double r1,r2,s1,s2;
    scanf("% lf % lf",&r1,&r2);
    s1 = area(r1);
    s2 = area(r2);
    printf("area = % f\n",abs(s1 - s2));
    return 0;
    }
```

这个程序由 4 个函数构成,其含义如下。

函数 1:计算一个数的绝对值,第 1 行的第一个 double 指出函数的返回值是一个浮点型数,第二个 double 指出函数的参数是浮点型数。完成这个函数功能的语句是:

```
if(x > = 0) return x;
else return - x;
```

它的含义是:如果(if)x 大于等于 0,返回(return)x 作为函数结果,否则(else)返回-x 作为函数结果。

函数 2:计算 x 的 n 次幂。在这个函数中用到了形如"a=表达式"的语句,其功能是计算表达式,并把表达式的值存放到变量 a 中,a 中原有的值会消失。"int i;"和"double p;"称为变量定义,作用是通知计算机,该函数中出现的 i 是整型变量,p 是浮点型变量。在 C 语言程序中,所有变量都必须先定义后使用。

函数 3:计算半径为 r 的圆面积。

函数 4:计算环形面积。其中语句"scanf("%lf%lf",＆r1,＆r2);"负责读入变量 r1,r2 的值;语句"printf("area=%f\n",abs(s1-s2));"打印 abs(s1-s2)的值,即环形面积。

上述 4 个函数构成了一个完整的程序。可以把这 4 个函数存放在同一个文件中,也可以存放在几个文件中,但是一个函数不能分开放在多个文件中。

综上所述,可以看出 C 语言程序的结构特点如下。

(1) 一个 C 语言程序由一个或若干个文件构成。

(2) 每个文件由若干函数构成,这些函数中有且仅有一个名为 main 的函数,称为主函数,它是程序的入口,也是程序的出口,即程序从 main 函数开始执行,在 main 函数中结束。

(3) 每个函数由变量定义和若干个语句构成。

(4) 语句由保留字和表达式构成。例如,在"return s;"和"if(x>=0) return x; else return-x;"中,if、else 和 return 都是保留字;x、-x、x>=0 和 s 都是表达式。

(5) 表达式由变量、常量、函数调用和运算符构成。例如,表达式 3.14 * r * r 中 r 是变量,3.14 是常量,* 是乘法运算符。

(6) 标识符是变量、函数等语法实体的名字。标识符的第一个字符必须是字母或下划线,后续字符可以是字母、数字或下划线。以下划线开头的标识符通常由系统使用,如果没有特殊理由,不要定义以下划线开头的标识符。C语言的标识符大小写相关,因而 area 和 Area 是不同的标识符。标识符不能使用保留字。

(7) 注释是解释程序的附加性文字,编译器会完全忽略注释。C语言风格的注释以"/ *"开始,以" * /"结束,目前,有些 C 编译系统还使用"//"来标记一直延伸到行尾的注释。

如果把程序与汉语文章作比较,它们的对应关系如表2.1所示。

表　2.1

构成文章的各个层次	构成程序的各个层次
文章	程序
章节	文件
段落	函数
句子	语句
词	表达式
字	常量、变量、保留字

学习汉语,只了解字词的意义、用法以及语法,不等于能写出好文章。同样,学习程序设计,只学习程序设计语言的语法和语义,不等于能写出解决实际问题的好程序。所以,在学习程序设计过程中,要格外注意程序设计方法的学习与实践。

2.3　程序设计方法

程序设计方法是人们在开发程序时采用的解题策略,一个好的程序设计方法是提高程序质量和程序开发效率的基本手段。

2.3.1　结构化程序设计

结构化程序设计是对问题进行自顶向下的、逐步求精的、层次化的、模块化的求解方法。它是利用计算机应用系统的可分解特性,首先自顶向下将问题分解成若干相对独立的子问题,各个相对独立的子问题又可以进一步分解,直至子问题不需要继续分解为止,再根据问题分解的层次结构关系建立整个问题的层次结构;然后隔离各个子问题之间的关系,分别研究和求解它们;最后自底向上逐层将各个已求解的子问题集合成一个有联系的功能整体,构成计算机应用系统。

利用结构化程序设计方法开发应用系统的工作过程大致如下。

(1) 分析问题,把问题划分成相对独立的子问题。

(2) 分析子问题之间的关系,建立各子问题之间的层次结构关系。

(3) 求解每个子问题,即设计编写每个子问题的程序(子程序)。

(4) 自底向上逐层集成已经求解的各个子问题,求得原来问题的解。即自底向上逐层集成已经完成的子程序,直至构成要开发的计算机应用系统。

例如:某高等学校招生管理系统的层次结构关系如图2.4所示。

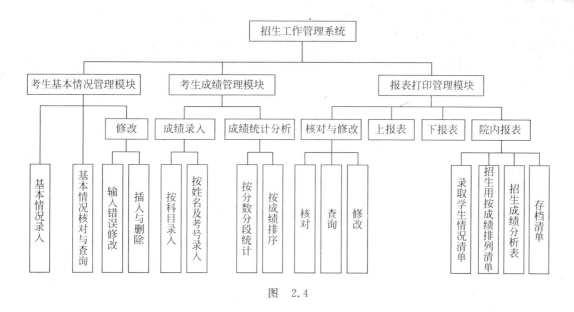

图　2.4

该例子首先把招生工作管理问题划分为:考生基本情况管理、考生成绩管理、报表打印管理 3 个子问题,再依次把这 3 个子问题分别划分为 3 个子问题、2 个子问题、4 个子问题,如此继续下去直到符合要求。此问题比较简单,各个子问题的层次结构关系为 3 层。

建立招生工作管理问题的层次结构以后,再分别求解最底层的子问题,即设计编写每个子问题的程序;最后,自底向上逐层集成求解子问题的程序,直至构成招生工作管理系统。

从图 2.4 中还可以看出,系统也可以划分成模块结构,它由一些能够便于处理的模块构成,模块之间有信息传递。

模块化的原则是:

(1) 子系统(模块)间相互干扰少;

(2) 模块划分要有相对独立性,每一模块的功能要清楚明确;

(3) 层次结构要适当;

(4) 限制模块间接口的输入输出连接量,减少接口的通信次数;

(5) 结果应使用方便,符合用户要求,功能齐全。

这种将系统或程序层次化和模块化的方法,是实现结构化程序设计的重要手段。

2.3.2　面向对象程序设计

面向对象程序设计就是将世界看成是由一些彼此相关并能相互通信的实体(即对象)组成的,程序中的对象与现实世界中的对象相互映射。面向对象程序设计包括面向对象分析、面向对象设计与面向对象程序设计 3 部分内容。面向对象程序设计方法要求程序设计语言必须具备抽象、封装、继承和多态性 4 个方面的特性。

面向对象的思想最初出现于 Simula67 语言中,其后,随着 Smalltalk-76 和 Smalltalk-80 语言的推出,面向对象程序设计方法得到比较完整的实现,此后,面向对象的方法得到迅速发展。

面向对象程序设计方法是 20 世纪 90 年代软件开发的主流方法。面向对象的概念和应用已经超越了程序设计和软件开发，扩展到很宽的范围，如数据库系统、交互式界面、应用结构、应用平台、分布式系统、网络管理结构、CAD 技术、人工智能等领域。一些新的工程概念及其实现，如并行工程、综合集成工程等也需要面向对象技术的支持。面向对象是软件开发的一种新方法，也是一种新技术。

2.3.3 构件程序设计

面向对象技术为软件复用提供了基本的技术支持。软件复用分为产品复用和过程复用，通常指的是产品复用，其中，构件复用是产品复用的主要形式。分析传统产业的发展，其基本模式均是符合标准的零部件（构件）生产以及基于标准构件的产品生产（组装），这种模式是产业工程化和工业化的必由之路，如建筑业、汽车制造、集成电路等都是如此。依照这种思想，开发软件像"搭积木"模式一样，不必一切从零开始，这种模式被称为构件程序设计，其中，构件是核心和基础。

构件（Component）是指语义完整、语法正确和具有复用价值的软件单元。构件是软件复用过程中可以明确辨识的有机构成成分；构件是语义描述、接口和实现代码的复合体；构件是可复用的软件单元，可以被用来构造其他软件；构件是封装的对象类、一些功能模块、软件框架、软件系统模型、软件的文档等。构件程序设计中的构件主要指的是二进制形式的模块，它既可以是制作界面的窗口组件，也可以是完成逻辑功能的业务组件。

软件构件技术是以面向对象技术为基础，以嵌入后立即可以使用的"即插即用"为中心，通过构件组合建立应用技术体系的开发环境和系统的总称。当前产业界最具有代表性、使用最广泛的构件技术规范主要有微软的构件对象模型（COM）、对象管理组织（OMG）的公共对象请求代理体系结构（CORBA）、Sun 公司的 EJB（Enterprise Java Bean）等。

第3章

算法设计基础

算法描述解决问题的方法和途径,是程序设计的基础和精髓,采用高效算法才能设计出优质程序。算法的设计、实现及评价对于程序设计具有重要意义。

3.1 算法的描述

算法的描述具有重要意义,描述一个算法的目的是使其他人利用该算法解决具体问题。算法的描述方式没有统一规定,既可以使用自然语言方式,也可以使用类似于某种高级语言的伪代码,还可以使用程序流程图,N/S盒图等方式。在软件开发的不同阶段,描述算法的具体目的有所不同,应针对不同目的选择适当的描述方法。例如,在软件开发初期,如分析阶段,描述算法应尽可能地反映客观现实的真实过程或抽象的数据处理过程,不要过多地考虑如何编程实现算法,也不要考虑未来程序的层次结构问题,所以可使用自然语言或伪代码方式描述;在软件开发后期,如详细设计或编码阶段,则倾向使算法逐步变换为程序代码,算法的描述应反映出最终程序的结构,因此,该阶段适合使用程序流程图、N/S盒图等描述,以便将解决问题的重点放在如何使用某种高级语言,并以良好的编程风格高效地实现算法上。

3.1.1 自然语言方式

以自然语言方式描述的算法每一步处理都很直白,不懂程序设计语言的人也可以描述算法。但是,由于描述的风格不确定,描述的层次结构不清晰,当程序规模稍大时难以读懂,所以这种方式不适合规模较大的程序。

【例3.1】 算法描述示例:用自然语言描述的直接选择排序(升序)算法。

算法3-1 直接选择排序。

输入:n个数放置在数组a[n]中。

第1步 令i=1;

第2步 若i<n,执行第3步,否则转第10步;

第3步 令k=i,顺次执行第4步;

第4步 令j=i+1,顺次执行第5步;

第5步 若j≤n,执行第6步,否则转第8步;

第6步 若a[j]<a[k],则置k为j,然后顺次执行第7步,否则直接执行第7步;

第 7 步　置 j 为 j+1,转第 5 步;

第 8 步　若 i!=k,则交换 a[i]与 a[k]中的数,顺次执行第 9 步,否则直接执行第 9 步;

第 9 步　置 i 为 i+1,转第 2 步;

第 10 步　算法结束。

上述算法定义了一种被称为"直接选择排序"的排序过程,将 n 个数据 $a_1, a_2, \cdots, a_{n-1}, a_n$ 从小到大排序。其主要思想是将未经排序数据中的最小一个挑出来,然后与未排序部分最左侧第一个未排序元素位置互换,于是已经排序的数据增加了一个,而未经排序的数据减少了一个,反复执行这个过程直到未排序数据的数目为 1,至此,所有数据都已经进行了排序。

3.1.2　程序流程图方式

程序流程图不仅能够描述程序,也能够描述算法,它使算法的流程控制非常直观地表现出来,成为软件设计人员的有力工具,如图 3.1 所示,这种图也被称为程序框图。

程序流程图中使用的符号说明如下。

(1) 开始与结束:中间平行,两边圆弧的框。

(2) 判断:菱形框。

(3) 功能框:矩形框。

(4) 输入输出:平行四边形框。

(5) 流程:直线为流程线,箭头为流向。

【例 3.2】　用程序流程图表示求函数 $F(X) = \ln(1/x) + \ln(\cos(x))$ 的值($x \neq 0$)。

算法流程图如图 3.1 所示。

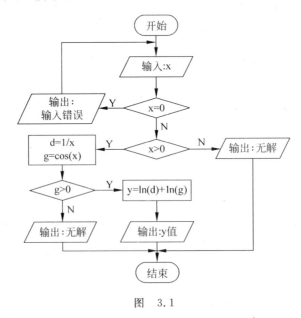

图　3.1

这种图不仅对算法控制流程的描绘十分直观,而且,根据它可以高效率地编写软件代码。但是,它仅对小型软件效果较好。

3.1.3 伪代码方式

使用伪代码(pseudo-code)描述算法的优点是:尽管风格趋向形式化,但仍然比较贴近自然语言描述,易于理解;表达方式简捷,贴近解决问题的数学运算过程;将注意力完全集中在算法的阐述上,不必去勾画任何图形;伪代码通常接近于某种程序设计语言的风格,比较容易将算法描述直接转化为程序,本书中伪代码风格与C++程序风格类似。

在伪代码描述方式中,只允许使用具有确切含义的动词和名词,预先规定了少量的关键字。在书写时,为了表达算法的层次,常需要缩进。本书伪代码构成元素和书写规则如下。

(1)标题行:一个算法应该开始于标题行,标题行中包括算法的编号和中文名称,例如:

算法 3-1 选择排序

如果该算法可以被其他算法调用,那么在标题行的下面一行应有英文算法名以及调用算法所需要的参数列表,例如:

算法 3-1 选择排序
Sort(A[n])

其中,英文算法名由英文字母开始,其后跟随若干字母或数字,例如 Sort1、Sort2 等。上述英文算法名中参数 A[n]表示 n 个数组成的序列(数组)。

(2)层次:算法的书写应该具有层次,每一层中的每一条可以规定标号,下面的一层采用缩进方式,同层次的缩进相同,例如:

1. XXXXXXXX
(1)XXXXXX
(2)XXXXXX
　　XXXXXX
　　XXXXXX
(3)XXXXXX
2. XXXXXXXXXX

(3)注释:注释用来说明算法中某部分的功能,其形式是由[]括起来的中文或英文字符串,如例 3.3 所示。

(4)控制结构:出现在算法中的一些操作之间具有确定的联系,但是,各操作的物理排列次序不一定是逻辑上操作的执行顺序,例如执行完一个操作以后具体执行哪个操作,需要根据这个操作的类型决定,这种操作间存在的执行顺序关系称为控制结构。通常以固定的格式描述那些相关的操作,可以使用这些格式将算法中的操作组织成为不同的层次,勾勒出算法的物理结构。下面列出描述算法时经常使用的 3 种控制结构。

① 顺序结构:表明算法中各操作间执行顺序的先后关系,这种结构中的各个操作将按照其出现顺序依次进行,例如,下面两个操作中将先执行<操作 1>,然后再执行<操作 2>。

<操作 1>
<操作 2>

② 分支结构：又称选择结构，这种结构在运行时根据给定条件是否成立，选择具体的执行路径，这种结构有以下两种格式。

格式 1：if(<条件 1>)则 <操作 1>
　　　　否则 <操作 2>

格式 2：if(<条件 2>)则<操作>

其中，格式 1 的语义是：如<条件 1>为真，则执行<操作 1>，然后执行紧随该结构后的操作；如<条件 1>为假，则执行<操作 2>，然后执行紧随其后的操作。格式 2 的语义是：如<条件 2>成立则执行<操作>，然后执行紧随该结构后的操作；如<条件 2>为假则执行紧随该结构后的操作。另外还经常使用多重选择。

多重选择是分条件执行下述操作。

标号 1<条件 1>,执行<语句 1>
标号 2<条件 2>,执行<语句 2>
　　　　　⋮
标号 n<条件 n>,执行<语句 n>

上述多重选择的含义是：当这组条件中的某一条满足时，执行相应的语句，然后执行紧随该结构后的操作。注意：上述条件是互相排斥的。

③ 循环结构：在满足循环条件的前提下重复执行<操作>。

格式 1：do <操作>
　　　　while(<循环条件>)

格式 2：while(<循环条件>)do <操作>

格式 3：for <表达式 1> to <表达式 2> 步长 <表达式 3>
　　　　<操作>

其中，格式 1 的语义是反复执行<操作>直到循环条件为假时停止，称为直到型循环；格式 2 的语义是当<循环条件>为真时反复执行<操作>，称为当型循环；格式 3 的语义是从<表达式 1>到<表达式 2>以<表达式 3>为步长反复执行<操作>，该循环称为步长型循环。

（5）子算法调用：调用一个已知算法的书写方式如下。

调用<英文算法名>(<调用参数表>)

（6）需要标明算法的“开始”和“结束”点。

【例 3.3】 算法描述示例：伪代码描述的直接选择排序（升序）算法。

算法 3-1　直接选择排序
```
Sort(a[],n)
[算法开始]
[每循环一次在未排序元素中找出一个最小的元素进行排序]
for i←1 to n−1 步长为1
(1)[准备]
    k←i
(2)[查找未排序元素中最小的元素]
    for j←i+1 to n 步长为1
        if(a[j]<a[k])
        则 k←j
```

(3) if(i! = k) [交换两个元素]
　　　则 x←a[i]
　　　　 a[i]←a[k]
　　　　 a[k]←x
[算法结束]

3.2　结构化算法设计初步

3.2.1　算法结构

随着算法规模的增大和复杂性的提高,算法的可读性变得非常重要,提高算法易读性的途径之一是按照不同的层次描述算法。研究发现,无论多么复杂的算法总可以使用顺序结构、循环结构和选择结构这3种基本控制结构,以及一些附加的规定将算法的层次结构清晰地描述出来,这种描述风格的算法被称为结构化算法。

1. 顺序结构

算法操作按照它在算法中出现的顺序逐条执行,如图3.2所示。

2. 选择结构

算法操作执行与否由某种条件的成立与否决定,即由选择条件控制,如图3.3所示。

3. 循环结构

循环结构又称为重复结构,它是一种控制算法多次执行某些操作的结构,如图3.4所示。

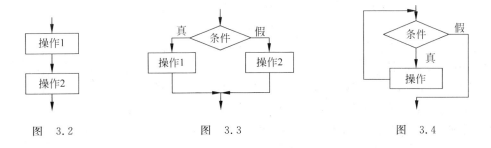

图　3.2　　　　　　　　　图　3.3　　　　　　　　　图　3.4

结构化算法的特点在于算法的层次结构,编写算法时必须遵守下述规则。

(1) 按照不同层次将组成算法的多个操作划分成一组,每组代表一种复杂的相对独立的复合操作,各复合操作的内部还可以划分层次,从而形成整个算法的嵌套层次结构。

(2) 每组操作具有唯一的入口和唯一的出口,即一端进一端出。这样的操作组置于其他操作中时,算法的执行顺序必定是从前一组操作的出口到本组操作的入口,经过本组内部的运算,到达本组操作的唯一出口。

(3) 各组之间利用顺序、选择和循环3种控制结构进行连接,形成更高层次的算法结构。

3.2.2 算法设计

算法设计应该遵守自顶向下、逐步求精的原则。首先,确定用户初期对问题模糊笼统的描述,提出概略的解题思路;其次,逐步细化与展开解题步骤和操作,直到算法中所有处理变得详细和确定为止,将详细确定的解题步骤和操作转化成基本运算,并用结构化算法的 3 种结构将其表示出来;最后,完成算法的详细设计和描述。

1. 主体结构设计

一个算法通常由 5 个部分构成:算法开始标志块、初始化处理模块、问题处理核心模块、善后处理模块和算法结束标志块。这 5 部分构成算法的主体结构,设计算法时应首先从设计算法主体结构入手,再自顶向下逐个设计模块,这样才能统筹全局,使设计过程有条不紊地进行。

2. 顺序结构设计

算法的顺序结构对应于客观世界或人类思维过程中那些前后相继、循序进行的发展环节或阶段,例如,一个人一天的行为可以从整体上归结为:起床、洗漱、早餐、工作、晚餐、入寝等。顺序结构是一种最简单的线性结构,其特点是处于这种结构中的每个由若干操作组成的操作块,按照其出现的先后顺序依次执行。顺序结构是一种描述客观世界中顺序现象的重要手段。

【例 3.4】 求底面半径为 r,高度为 h 的圆柱体的侧面积和体积。

问题分析:问题分析的任务是确定问题的需求,并建立问题的数学模型,即明确问题需要做什么,并用数学语言描述该问题。本问题的要求是:首先输入圆柱体的底面半径和高,然后计算圆柱体的侧面积和体积,最后输出圆柱体的侧面积和体积。根据问题要求确定:该问题的数学模型就是计算圆柱体侧面积和体积的公式。

数据结构:r,Peri_bottom,S_bottom,S_side,V,h 均为浮点型变量,分别存储圆柱体的底面半径、底面周长、底面面积、侧面面积、圆柱体积和高的值。

算法流程图:根据计算圆柱体侧面积和体积的公式,计算圆柱体的侧面积,首先应该计算圆柱体的底面周长,计算圆柱体的体积,首先应该计算圆柱的底面积,因此,设计此问题的算法如图 3.5 所示。算法结构为从上至下顺序排列的模块,每个模块的功能相对独立,由一些操作组成,算法的执行顺序显然就是上述模块的物理排列顺序。

值得注意的是,顺序结构中每个模块内部都可以含有多个操作,这些操作之间也可能具有某种联系,从而在每个模块内部形成子结构,这些子结构也可能是选择结构或循环结构,即使这样,算法的整体结构仍然是顺序结构。

3. 选择结构设计

选择结构用于描述分支现象。分支现象广泛存在于自然界和人

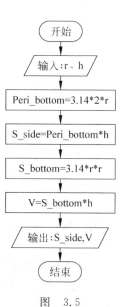

图　3.5

类思维过程中,比如,经过每一个交叉路口时都需要选择一条岔路,目的地不同选择的岔路就有可能不同,显然,岔路的选择是以目的地为条件的。同样,人们思维时也会经常做出"如果……,则这样,否则那样"之类的推理判断。虽然具体的分支现象千差万别,但是,可以将它们分类为双分支结构与多分支结构。

1) 双分支选择结构设计

双分支选择结构是最常用的选择结构,其语义很简单,即如果判断条件被满足则执行相应的处理,否则执行另外的处理。选择结构的各分支可以用"真"与"假"、"是"与"否"、"则"与"否则"等标注。

【例 3.5】 求解一元二次方程 $ax^2 + bx + c = 0$ 的实根。

问题分析:本问题的要求是:首先,输入一组一元二次方程系数 a、b、c 的值;其次,计算这组系数确定的一元二次方程的根;最后,输出一元二次方程的根。根据问题要求确定:该问题的数学模型就是计算一元二次方程根的公式。

数据结构:a、b、c 均为浮点型变量,分别存储方程的 3 个系数;x1 和 x2 为浮点型变量,分别存储方程的两个实根;q 为浮点型变量,存储一元二次方程判别式的值。

算法流程图:一元二次方程实数解具有一个普遍的形式,即 $(-b \pm \sqrt{b^2 - 4ac})/2a$,该公式成立的条件是:$a \neq 0$ 并且 $b^2 - 4ac \geq 0$,因此,在算法描述中应对其进行判断。算法的具体描述如图 3.6 所示。算法的主体结构由开始、输入、方程求解、输出和结束等模块组成。由于不同情况输出信息不同,因此,算法输出被放在相关模块中。方程求解模块包含嵌套使用的两个选择结构,分别用来控制 a 是否等于 0 的两种不同执行路径的选择,以及是否可以开根号的两种不同执行路径的选择。

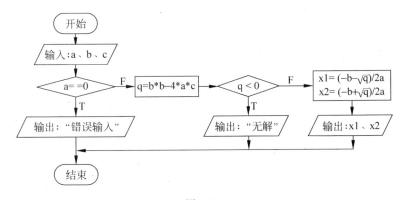

图 3.6

2) 多分支选择结构设计

双分支选择结构比较简单,适用于描述不太复杂的分支现象,而多分支结构更具有普遍性,适用于描述更复杂的分支现象。

【例 3.6】 设计一个根据输入的月份序号输出相应月份英文名称的算法。

问题分析:本问题的要求是:首先,输入一个代表月份的整数,这个整数的取值范围是 1~12;其次,根据输入的整数确定对应的英文月份名;最后,输出确定的英文月份名。该问题的数学模型是:

$$f(Month) = \begin{cases} \text{"January"} & Month=1 \\ \text{"February"} & Month=2 \\ \text{"March"} & Month=3 \\ \text{"April"} & Month=4 \\ \text{"May"} & Month=5 \\ \text{"June"} & Month=6 \\ \text{"July"} & Month=7 \\ \text{"August"} & Month=8 \\ \text{"September"} & Month=9 \\ \text{"October"} & Month=10 \\ \text{"November"} & Month=11 \\ \text{"December"} & Month=12 \end{cases}$$

数据结构：Month 为整型变量，存储输入的月份值，"January"，"February"，…，"December"为 12 个月份的英文名（字符串常量）。

算法流程图：根据本题的数学模型，可以看出 f(Month)的值取决于 Month 变量的值。显然，可以使用多分支选择结构，其中的判断条件是输入的代表月份的数字，根据这个数字的具体取值，输出相应的英文月份名称，具体描述如图 3.7 所示。

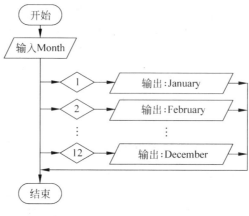

图　3.7

本题也可以使用嵌套的双分支结构，但是，使用多分支结构描述本题的算法条理更加清晰，层次更加分明，能够提高算法的可读性。

4. 循环结构设计

循环现象在客观世界普遍存在，例如星体运动、日月更替、现代化生产线的运行等，这些事物的发展过程或运动过程总是有规律地重复一些相同或相似的环节。与此类似，在算法设计中把那些需要反复执行某个模块的现象称为循环，把被重复执行的模块称为循环体。

循环结构是组成结构化算法的 3 种基本结构之一，这种结构由循环条件和循环体构成，通常分为当型（while）和直到型（until）两种，这两种循环的区别在于当型循环的循环体将被执行 0 次或多次，而直到型循环的循环体至少被执行一次。为与人们熟悉的 for 形式循环相对应,引入步长型循环,即每执行一次循环体,被指定作循环变量的变量值增加一个步长,但这种循环类型可以看作是前面两种循环的特例。当型循环如图 3.8(a)所示,直到型循环如图 3.8(b)所示,步长型循环如图 3.8(c)所示。

【例 3.7】 求任意正整数的阶乘。

问题分析:本问题的要求是:首先,输入一个正整数;其次,计算输入的正整数的阶乘;最后,输出计算结果。该问题的数学模型是:$n!=1×2×\cdots×(n-1)×n$。

数据结构:n,k,p 均为整型变量,分别存储待求阶乘的正整数、已循环次数和累乘积。

算法流程图:根据该问题的数学模型可知,求 n 的阶乘实际是不断地循环做乘法,每次的两个乘数分别为上次乘法的乘积以及目前已经循环的次数,直到循环 n 次为止。因此,设计的 3 种算法流程图如图 3.8 所示。

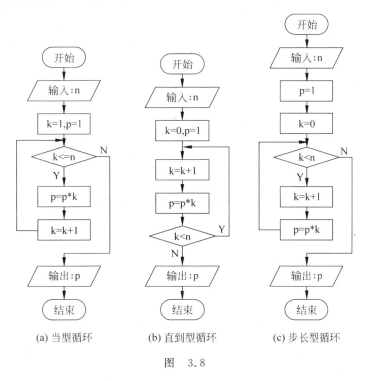

(a) 当型循环　　　(b) 直到型循环　　　(c) 步长型循环

图　3.8

3.3　算法的计算复杂性

解决一个具体问题的算法通常有多种,要知道哪一种算法比较好,需要对算法执行效率进行分析,包括时间效率和空间效率,分别被称为时间复杂性(time complexity)和空间复杂性(space complexity)。

时间复杂性描述算法执行时占用计算机时间资源的情况,是一种抽象的描述方式,不是指与算法实现效率有关的算法执行时间,而是指理论上与问题规模、算法输入及算法本身相关的某些操作次数的总和,通常记为 T(n)。问题规模逐渐增大后时间复杂度的极限形式称为渐进时间复杂性(asymptotic time complexity),渐进时间复杂性确定算法所能解决问题的规模,通常被用来分析随着问题规模的加大,算法对时间需求的增长速度。

算法的空间复杂性是指算法需要消耗的空间资源。其计算和表示方法与时间复杂性类似,一般都用复杂性的渐近性表示。与时间复杂性相比,空间复杂性的分析要简单得多。

3.4 常用算法设计策略简介

设计算法时应根据具体问题采用适当的技术手段和策略,下面简要介绍算法设计中经常使用的几种策略和技术,更详细更深入的知识可参阅有关文献。

1. 分治法

分治法就是将问题分而治之,是人们解决复杂问题的经常选择。其思想是:将一个复杂问题分解成一系列简单的、易解决的组成部分,逐一将所有组成部分解决后,再将它们组合到一起,得到复杂问题的解答。分治法通常与递归技术一同使用,是一种解决复杂问题的有效策略。

2. 递归技术

算法与程序设计中的递归技术是一种狭义的递归,是指将问题划分成不同层次的子问题,解决每一层问题的难度随着层次的降低而减小,解决高层次问题的充分条件是其低层次问题得以解决,这些不同层次的问题具有极大的相似性,以至于解决所有这些问题的算法相同(只是输入不同),这样就可以在解决某层次问题的算法中调用同一算法解决低层次的问题,这种嵌套的算法调用在运行时反复调用相同的算法解决比其低一层次的问题,直到最低层次问题的解决为止,然后将逐级回代直至所有高层次问题得到解决。

3. 贪心法与回溯法

贪心法是一种求取最好/优结果的算法,它在每一步选择中都选取所处状态下最好/优的选择,从而希望导致结果是最好/优的。贪心法可以解决一些最优性问题,如求图中的最小生成树,求哈夫曼编码等。对于其他问题,贪心法一般不能得到所要求的答案。如果一个问题可以应用贪心法解决,那么贪心法一般是解决这个问题的最好办法。由于贪心法的高效性以及所求得的答案比较接近最优结果,贪心法也可以用作辅助算法,或者直接解决一些要求结果不特别精确的问题。

回溯法是一种选优搜索法。回溯法按选优条件向前搜索,以期达到目标,但是,当搜索到某一步时,发现原先选择并不优或达不到目标,就退回一步重新选择,这种走不通就退回再走的技术被称为回溯法,满足回溯条件的某个状态点被称为"回溯点"。

用回溯法解题的一般步骤:

(1) 针对要求解的问题,定义问题的解空间;

(2) 确定易于搜索的解空间结构;

(3) 以深度优先方式搜索解空间,并在搜索过程中用剪枝函数避免无效搜索。

第 4 章

C语言基础

4.1　C语言的基本符号、保留字和标识符

1. C语言的基本符号(字符集)

满足 C 语言文法要求的字符集如下。

(1) 英文字母 a～z,A～Z。

(2) 阿拉伯数字 10 个(0～9)。

(3) 特殊符号 28 个：＋、－、＊、/、％、_(下划线)、＝、＜、＞、＆、|、^、～、(、)、[、]、空格、.、{、}、;、?、:、'(单引号)、"、!、#。

2. 保留字和标识符

标识符是起标识作用的一类符号,C 语言的标识符主要用来表示常量、变量、函数和类型等的名字。C 语言的标识符包括保留字、预定义标识符、用户定义标识符等3 类。

1) 保留字

保留字是一类每一个都具有特定含义的标识符。用户不能把它们当作变量名使用,C 语言共有 33 个保留字,都用小写英文字母表示：auto,break,case,char,const,continue,default,do,double,else,enum,entry,extern,float,for,goto,if,int,long,register,return,short,signed,sizeof,static,struct,switch,typedef,union,unsigned,void,volatile,while。

2) 预定义标识符

除保留字以外,C 语言还有一类具有特殊含义的标识符,它们被用作库函数名与预编译命令,这类标识符被称为预定义标识符,包括预编译程序命令与 C 编译系统提供的库函数名。其中预编译程序命令有 define,undef,include,ifdef,ifndef,endif,line。

虽然 C 语言允许用户将这类标识符作为用户定义标识符使用,这时它们已不具有系统原先规定的含义,但是为避免混淆,增强程序可读性,还是不要把这类标识符作为用户定义标识符使用。

3) 用户定义标识符

用户定义标识符是用户根据需要定义的一类标识符,用于标识变量、符号常量、用户定

义函数、类型名和文件指针等。这类标识符的构成规则如下。

（1）由英文字母、数字组成，但是开头字符一定是字母。

（2）下划线（_）起字母的作用，还可用于一个长名字的描述，例如：

checkdiskspaceavailable(specifieddiskdrive)

可写为：

check_disk_space_available(specified_disk_drive)

把各个单词用下划线隔开，能够增加可读性。

（3）大小写英文字母含义不同。如 TOTAL、Total、…、total 等是完全不同的名字。

（4）一个标识符可以由许多字符组成，但其长度是有限的。ANSI C 规定只有前 31 个字符有效；旧标准规定前 8 个字符有效，例如，旧标准编译程序把 userpassword 和 userpass 视为同一个名字。

（5）C 语言的惯例是：变量名用小写字母，常数名用大写字母，函数名和外部变量由 6 个字符组成。

（6）不允许把 C 语言的保留字再定义为用户定义标识符；也不要把预定义标识符再定义为用户定义标识符，以增强程序的可读性。

为使程序清晰易读，在定义标识符时，应注意如下 4 点。

- 标识符要有明确含义，应尽量选用具有一定含义的英文单词来命名，使读者"见其名而知其意"。例如，代表总和的标识符用 total 要比用 t 好，代表平均数的标识符用 average 而不用 a 等。如果选用的英文单词太长，可采用公认的缩写方式。例如，表示职员识别字的标识符可用 empid 来命名。
- 标识符一般采用常用取简专用取繁的原则。即常用标识符的定义应当既简单又明了。
- 对于由多个单词描述的标识符，要用下划线将各单词隔开，以增强可读性。例如 average_salary。
- 对于标识变量的标识符，可用特定的字符作其前缀来表示变量的数据类型。例如：用 i 表示整数，l 表示长整数，c 表示字符型，s 表示串类型等。

4.2　C 语言的数据类型

4.2.1　数据类型的一般概念

1. 数据

数据是程序处理的对象，它是计算机能够识别和处理的符号集合，其描述的对象是客观事物及其属性，其含义比自然语言中的数据更加广泛。

2. 数据类型

数据类型是程序设计中的一个重要概念，具有以下 3 个方面的基本含义。

（1）数据类型规定其数据的定义域。例如，数值类型数据的取值范围是计算机能够表示的数值范围内的所有数据；逻辑类型数据的取值范围是"真"（TRUE）或"假"（FALSE）；字符类型数据的取值范围是某一字符集中的所有元素；指针类型数据的取值范围是计算机存储单元的绝对地址或相对地址的集合。

（2）数据类型规定一个运算集，不同类型的数据被施加不同的运算。例如：对数值型数据可施加算术运算；对逻辑型数据可施加逻辑运算；对字符型数据可施加连接和求子串运算等；对指针型数据可以进行加、减运算，而不能进行乘、除运算等。

（3）数据类型规定数据在计算机内的存储方式以及在源程序中的书写方式。例如，一个字符型数据在计算机内存中占用一个字节；在源程序中，字符常量数据用单引号（''）括起来。

C语言提供如图4.1所示的数据类型。数据包括常量和变量，它们都属于图中的数据类型，本章主要介绍基本数据类型，其他数据类型将在以后章节中逐步介绍。

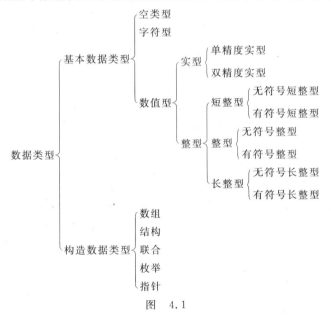

图　4.1

3．基本数据类型

下面进一步说明C语言的基本数据类型。

（1）按数据类型的二进制位长度划分，有8位、16位、32位和64位。

（2）按数据类型的符号划分，有无符号型和有符号型。

（3）按数据类型的数学性质划分，有整型和实型。

C语言中各种基本数据类型的名字、类型标识符、二进制位长度和取值范围如表4.1所示。需要注意的是：各种基本数据类型的长度和范围因CPU的类型和编译器的实现不同而异，对于16位计算机而言，其长度和范围如表4.1所示。

表中的void类型即空类型，有两种用法：一种用法是指定函数返回值的类型，另一种用法是用来设置类属指针。

表　4.1

名　字	类型标识符	二进制位长度	取 值 范 围
字符型	char	8	ASCII 字符代码
无符号字符型	unsigned char	8	$0\sim255$
有符号字符型	signed char	8	$-128\sim127$
整型	int	16	$-2^{15}\sim2^{15}-1$
无符号整型	unsigned int	16	$0\sim2^{16}-1$
有符号整型	signed int	16	同 int
短整型	short int	16	同 int
无符号短整型	unsigned short int	16	同 unsigned int
有符号短整型	signed short int	16	同 short int
长整型	long int	32	$-2^{31}\sim2^{31}-1$
有符号长整型	signed long int	32	同 long int
无符号长整型	unsigned long int	32	$0\sim2^{32}-1$
浮点型	float	32	$10^{-38}\sim10^{38}$
双精度型	double	64	$10^{-308}\sim10^{308}$
空值型	void	0	无值

4.2.2　常量

常量是在程序运行过程中，其值不发生变化的量。C 语言有数值常量、字符常量、字符串常量、转义字符和符号常量 5 种。

1. 数值常量

C 语言的数有整数和实数两种。

1）整数

整数有十进制数、八进制数和十六进制数 3 种，其表示形式如表 4.2 所示。

表　4.2

进　　制	表 达 方 式	示　　例
八进制数	由数字 0 开头	0125,0314,-0123
十六进制数	由 0x 或 0X 开头	0x125,0x314,-0x123
十进制数	由数字 1、2、…、9 之一开头	125,314,-123

整数有短整型数、基本整型数和长整型数。16 位计算机的短整型数和基本整型数的取值范围是：

$-32768\sim32767(-2^{15}\sim2^{15}-1)$

超过该范围的整数用长整型数表示，取值范围为：

$-2147483648\sim2147483647(-2^{31}\sim2^{31}-1)$

长整型数的表示方法是在数的末尾加一个字符 l 或 L，例如：

623l　622L　0x7dfl

2) 实数

实数又称为浮点数,只用在十进制数中,它有单精度和双精度之分,其表示形式分为一般形式和指数形式两类。

一般形式的实数由整数部分、小数点和小数部分组成。例如:

3.14159 .0555 −545.33 898.0 123. 0.85

指数形式的实数由实数(整数)、e(E)和指数 3 部分组成,例如:

0.55e5 3.33E−3 7.68e+18

其中,0.55、3.33 和 7.68 为实数,e 或 E 后面的 5、−3 和 +18 均是指数。

注意:用指数形式表示的浮点数必须有实数(整数),指数部分必须是整数。例如 e4、.e3、0.25e4.5 和 e 等都是不合法的。

2. 字符常量

字符常量是用一对单引号括起来的一个字符。单引号是定界符,不是字符常量的一部分。例如:'a'、'A'、'?'、'2'、'*'等都是字符常量。

字符常量的值就是其在所属字符集(如 ASCII)中的编码,例如:'A'的值是 65,'a'的值是 97,'2'的值是 50 等。

由于字符常量中的单引号(',')已被作为定界符使用,于是,单引号的字符常量表示形式为"\'";而反斜杠(\)的字符常量表示形式为"\\"。"'"和'\'都是错误的表示形式。

3. 字符串常量

字符串常量是用双引号括起来的一串字符,其中字符的个数被称为字符串长度,字符串常量简称字符串,例如:"Tsinghua University"、"C Language"、"C"等都是字符串常量的例子。

双引号和反斜杠字符在字符串中的表示形式类似单引号和反斜杠在字符常量中的表示形式,应该以"\""或"\\"的形式出现,而不应该是"""或"\"。例如:字符串"\"This is a C program\""中的\"和\"表示双引号字符。

字符常量与字符串常量在表示形式和存储形态上是不同的,例如'A'和"A"是两个不同的常量,并且占有的内存空间不同。

4. 转义字符

一般字符或字符串常量均可以直接写出,而像 NULL 字符、回车换行字符、退格字符和其他一些控制字符却不能直接写出。为此,C 语言提供一类转义字符,用于表示那些无法在键盘上直接表示的字符,常用的转义字符如表 4.3 所示。

表 4.3

转换字符	含 义
\n	回车换行
\'	单引号(')
\"	双引号(")

续表

转换字符	含　义
\0	空字符（NULL）
\ddd	表示一个字节的代码或一个字符代码，其中 ddd 为 3 位八进制数。如\101 表示字符 A，\141表示字符 a
\xddd	表示一个字节的代码或一个字符代码，其中 ddd 为 3 位十六进制数。如\x041 表示字符 A，\x061 表示字符 a

5. 符号常量

在 C 语言程序中，可以命名常量，即用符号代替常量，该符号被称为符号常量。符号常量一般用大写字母表示，以便与其他标识符相区别。

符号常量要先定义后使用，定义的一般格式是：

#define　符号常量　常量

例如：#define　NULL　0
　　　#define　EOF　−1
　　　#define　PI　3.14

这里的 #define 是预编译命令，一个 #define 命令只能定义一个符号常量，且用一行书写，不用分号结尾。符号常量被定义后，就可以在程序中代替常量使用。

【例 4.1】　符号常量示例：一个求圆面积的程序。

```
#include <stdio.h>
#define PI 3.14              /* 定义符号常量,即宏定义 */
int main ( )
 { float r,s;
   scanf("%f",&r);
   s = PI * r * r;           /* 求面积时用到常量 PI */
   printf("Area = %f\n",s);
   return 0;
   }
```

使用符号常量有如下两点好处。

1）增强程序的可读性

符号常量在程序中代替具有一定含义的常量，如用 EOF 代替−1（表示结尾），用 PI 代替 3.14 等，可以增强程序的可读性，而且其值在程序中不变。

2）增强程序的可维护性

如果一个大的程序有多处使用同一个常量，则可以把该常量定义为符号常量。这样，当需要在多处修改一个常量时，只需要在其定义的地方做出修改即可，不必在多处修改。另外，当调试、扩充或移植一个程序时，如果需要经常改变某些常量，则把它定义为符号常量也大有好处。

4.2.3　变量

1. 变量

变量是在程序执行过程中其值可能发生变化的一种量。编译系统在计算机内存中为每

一个变量都分配相应个数的存储单元,用于存放变量的值。下面是一个变量 x 在程序中的
应用实例。

```
int main ( )
  { float   x;                    / *  x是一个变量 * /
    x = 8.88;                     / * 给变量 x 赋值 * /
    x = 8 * x;                    / * 计算过程中 x 的值发生了变化 * /
    x = x + 8.8;                  / * 计算过程中 x 的值又发生了变化 * /
    printf(" % f",x);            / * 输出计算结果 * /
    return 0;
    }
```

　　每一个变量都用一个用户定义标识符表示,称为变量名,变量的地址就是其内存单元的
开始地址。同常量一样,任何一个变量都属于某一数据类型。若为整型变量,则其只能在整
数域内取值;若为实型变量,则其只能在实数域内取值。

2. 变量定义

　　变量定义就是按规定方式为使用的变量指定标识名、类型和长度等。在 C 语言程序
中,所有变量在引用前都必须先定义,否则编译程序将在程序编译时发出错误提示信息。
　　变量的定义一般在函数开头的声明部分。变量定义的一般形式为:

类型标识符　变量 1,变量 2,…,变量 n;

例如: int   number;   / * 定义整型变量 number * /
        unsigned long   distance;   / * 定义无符号长整数 distance * /
        char c1,c2;   / * 定义字符型变量 c1 和 c2 * /

　　注意: 变量名必须以字母或下划线开头,由字母、下划线和数字组成。在 C 语言中,变
量名的最大长度不超过 8;在 C++ 中,一般不超过 31。

3. 变量初始化

　　定义变量的同时,给其赋初值的过程被称为初始化。需要注意的是:没有赋初值的变
量并不意味着该变量中没有数值,只表明该变量中尚未定义指定的值。在使用没有赋初值
的变量时,它标识的内存单元可能有先前遗留的内容,于是,引用这样的变量就可能产生莫
名其妙的结果。C 语言准许变量初始化。例如:

int   sum = 5;   / * 定义变量 sum 为整型,初始值为 5 * /
double   Price = 105.45,discount = 0.15;   / * 定义 Price 和 discount 为双精度实型变量,初始
                                           值分别为 105.45 和 0.15 * /

4.2.4　数据类型转换

　　在 C 语言表达式中,可以对不同类型的基本数据进行某一操作。对不同类型的数据进
行操作时,应首先将它们转换成相同的数据类型,然后进行操作。数据类型转换有两种方
式:自动类型转换和强制类型转换。

1. 自动类型转换

自动类型转换就是在编译时编译程序按照一定规则自动将不同类型的数据转换成相同类型的数据，不需要人为干预。因此，在表达式中如果有不同类型的数据参与同一运算，编译器就在编译时自动按照规定的规则将其转换为相同的数据类型。

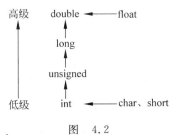

图 4.2

C 语言规定的转换规则是由低级向高级转换，每一个算术运算符都遵循图 4.2 所示的规则，图中的水平箭头表示必定转换，纵向箭头表示两个操作对象类型不同时的转换方向。如果一个操作符带有两个类型不同的操作数时，那么在操作之前先将较低的类型转换为较高的类型，然后进行运算，运算结果是较高的类型。

例如：x = 100 + 'a' + 1.5 * u + f/'b' − s * 3.14
其中，u 为 unsigned 型，f 为 float 型，s 为 short 型，x 为 float 型。右面表达式的运算次序为：

（1）首先计算 100 + 'a'，由于 100 为整数，就先将 'a' 转换为 int 型（整数 97），于是运算结果为 197；

（2）计算 1.5 * u，将 1.5 转换为 double 型，u 转换为 double 型，然后进行运算，运算结果为 double 型；

（3）计算 197 + 1.5 * u，先将 197 转换为 double 型（如 197.00···00），运算结果为 double 型；

（4）计算 f/'b'，将 f 转换为 double 型，'b' 先转换为 int 型，再转换为 double 型，其结果为 double 型；

（5）计算 (197 + 1.5 * u) + f/'b'，二者均为 double 型，于是结果也为 double 型；

（6）计算 s * 3.14，先将 s 由 short 型转换为 int 型，再转换为 double 型，然后进行运算，其结果为 double 型；

（7）第（5）步的结果与第（6）步的结果相减，结果为 double 型；

（8）最后将表达式的结果转换为 float 型并赋给 x。

2. 强制类型转换

强制类型转换是直接将某类型数据转换成指定类型的数据。强制类型转换的一般形式为：

(类型标识符)表达式

例如：(int)3.14 和 (int)3.78625 的类型都为整型，它们的值均为 3。这样在很多情况下可以简化转换。例如：

```
int i;
i = i + 8.801;
```

按照自动处理方式，在处理 i = i + 8.801 时，首先将 i 转换为 double 型，然后进行相加，结果为 double 型，再将 double 型转换为整型赋给 i。

使用强制类型转换时,上边的表达式可以写成如下形式:

```
int i;
i = i + (int)8.801;
```

这时直接将 8.801 转换成整型,然后与 i 相加,再把结果赋给 i。这样可以将二次转换简化为一次转换。

4.3　运算符与表达式

4.3.1　运算符与表达式概述

1. 表达式

表达式是用运算符将操作对象连接起来的,符合 C 语言语法的式子。一个表达式完成一个或多个操作,操作的对象称为操作数,操作本身由运算符体现,最终操作结果的数据类型由参加运算的操作数决定。如果一个表达式含有两个或多个运算符,则称该表达式为复杂表达式,其操作的执行次序由运算符优先级决定。例如:a,a-b,c=9.801 等都是一个表达式。

C 语言表达式的种类主要有:

- 算术表达式;
- 赋值表达式;
- 关系表达式;
- 逻辑表达式;
- 条件表达式;
- 逗号表达式。

2. C 语言的运算符

C 语言的特点之一是具有丰富的、使用灵活的运算符,有以下 13 类运算符:

- 算术运算符;
- 赋值运算符;
- 关系运算符;
- 逻辑运算符;
- 条件运算符;
- 逗号运算符;
- 位运算符;
- 指针运算符;
- 求字节运算符;
- 强制类型转换运算符;
- 成员选择运算符;
- 下标运算符;

• 其他运算符。

上述各类运算符的优先级、运算符、功能、结合性如表 4.4 所示。

表　4.4

优　先　级	运　算　符	功　　能	结　合　性
1	( ) [ ] －> .	用于函数调用,改变优先级 下标运算符 指向成员运算符 取成员运算符	从左至右
2	! ~ ＋＋ , －－ － (类型名) * & sizeof	逻辑非 按位取反 自增,自减 取相反数 强制转换 取内容运算符 取地址运算符 求字节运算符	从右至左
3	* ,/,%	乘,除,求余运算符	从左至右
4	＋,－	加减运算符	
5	<<,>>	移位运算符	
6	<,<=,>,>=	关系运算符	
7	== ,! =	关系运算符	
8	&	按位与	
9	^	按位异或	
10	|	按位或	
11	&&	逻辑与	
12	||	逻辑或	
13	? :	条件运算符	从右至左
14	=,+=,－=,* =, /=,%=,&=,^=,|=, <<=,>>=	赋值运算符	从右至左
15	,	逗号运算符	从左至右

4.3.2　算术运算符与算术表达式

1. 基本算术运算符

＋、－、* 和/是基本算术运算符,用于加、减、乘、除操作。

注意:除运算符/用于两个整数相除时,结果仍为整数,小数部分被略去。例如:

23/5 = 4
23/7 = 3

取模运算符%用于计算两个数相除后的余数,只适用于两个整数取模,不能用于其他数据的运算。在"x%y"表达式中,x 是被除数,y 是除数。例如:

```
24 % 5 = 4
2 % 10 = 2
```

2. 自增自减运算符

自增"＋＋"和自减"－－"运算符为变量的增 1 和减 1 提供了紧凑而方便的表达形式。但是,这两种运算符都有前置和后置之分,其一般用法如下。

```
i++ 或 ++i(相当于 i = i + 1; )
i-- 或 --i(相当于 i = i - 1; )
```

其中,i 是一个整型变量,对一个变量实行前置或后置运算的结果是相同的,即都使它增 1 或减 1。但是,变量的前置运算是在该变量参与其他运算之前,先被增 1 或减 1;变量的后置运算是在该变量参与其他运算之后,被增 1 或减 1。这是前置运算与后置运算的重要区别。

3. 算术表达式

算术表达式是由算术运算符和操作数组成的表达式。计算算术表达式时,其计算顺序要按照操作符的优先次序进行。如果有括号,括号要配对。对于自增自减运算,要注意运算符的结合性。

4.3.3　赋值运算符与赋值表达式

赋值运算符包括简单赋值运算符和复合赋值运算符,复合赋值运算符又包括算术复合赋值运算符和位复合赋值运算符。

1. 赋值运算符

赋值运算符"＝"是将其右边表达式的值赋给左边的变量,赋值号左边的一定是变量,右边的是表达式。如果右边表达式的类型与左边变量的类型不一致,则先将右边表达式的值转换为与左边变量相同的类型,然后进行赋值。

例如:i＝(d＋2),其中,i 为 int 型,d 为 double 型。此运算的处理过程是:先将 2 转换为 double 型(2.0),再执行 d＋2.0,结果为 double 型,最后再把 double 型的结果转换为 int 型,并赋给 i。

2. 复合赋值运算符

复合赋值运算符包括 ＋＝,－＝,＊＝,/＝,%＝和 &＝,|＝,^＝,<<＝,>>＝。前 5 个与二元算术运算有关,后 5 个与二元位运算有关。由复合赋值运算符组成表达式的一般形式为:

变量　复合赋值运算符　表达式

该表达式的含义是:把变量的值与表达式的值进行运算,然后再将运算结果赋给变量。

【例 4.2】　复合赋值运算符示例。

设有下列程序语句：

```
int a = 1, b = 2, c = 2;
double x = 1.5, y = 2, z = 2;
c *= a - b;
z -= x + y;
```

问上述语句执行后,变量 c 和 z 的值是多少?

表达式 c *= a-b 等价于 c=c*(a-b),语句执行后,c 的值为：$2*(1-2)=-2$。

表达式 z-=x+y 等价于 z=z-(x+y),语句执行后,z 的值为：$2.0-(1.5+2.0)=-1.5$。

3. 赋值表达式

赋值表达式是由赋值运算符将一个变量和一个表达式连起来的式子。赋值表达式的一般形式为：

变量   赋值运算符   表达式

例如,"x=10"是一个赋值表达式,其处理过程是：先计算赋值号右边表达式(10)的值,其值为 10,再将 10 赋给 x,于是,x 的值是 10,表达式"x=10"的值也是 10。

4.3.4   关系运算符与关系表达式

1. 关系运算符

关系运算符是对两个操作数进行大小比较的运算符,其操作结果是"真"或"假"。C 语言没有逻辑类型的数据,通常以整数"1"表示"真","0"表示"假"。

C 语言有 6 种关系运算符：$<$、$<=$、$>$、$>=$、$==$、$!=$,如表 4.4 所示。其中,前 4 个关系运算符的优先级高于后 2 个运算符;所有关系运算符的优先级都低于算术运算符的优先级,高于赋值运算符的优先级。例如：

```
c > a + b      ⟺    c > (a + b)
a > b! = c     ⟺    (a > b)! = c
a == b < c     ⟺    a == (b < c)
a = b > c      ⟺    a = (b > c)
```

2. 关系表达式

关系表达式是用关系运算符把操作对象连接起来的式子,操作对象可以是各种表达式,应理解关系表达式的值为 1(真)或 0(假)。例如,表达式：$5>(4<5)$,由于"$(4<5)$"是"真",所以其值为 1,而"$5>1$"的值也为 1("真"),于是,该表达式的值为 1("真")。

在程序设计时,经常需要把一个断言用 C 语言表达式描述出来。

【例 4.3】   设有变量说明"int x,y；",一些数学断言和相应的 C 语言表达式如下。

(1) x 与 y 的个位数相同：x%10==y%10；

(2) x 和 y 至少有一个等于零：x*y==0；

(3) x 的个位数字和十位数字相等：x%10＝＝x/10%10；

(4) 二次方程 $ax^2+bx+c=0$ 没有实根：b*b－4*a*c＜0；

(5) 点(a,b)在抛物线 $y=x^2+3x+5$ 上：b＝＝a*a＋3*a＋5；

(6) 点(x,y)在单位圆内：x*x＋y*y＜1。

4.3.5 逻辑运算符与逻辑表达式

1．逻辑运算符

逻辑运算符是对逻辑量进行操作的运算符。逻辑量只有"真"和"假"两个值,分别用 1 和 0 表示。C 语言有 3 个逻辑运算符：&&、||、!,如表 4.4 所示。

逻辑运算符 && 和|| 是双目运算符,要求有两个操作数,! 是单目运算符,只要求有一个操作数,它们的操作对象是逻辑量或表达式(关系表达式或逻辑表达式),操作结果仍是逻辑量。例如：

x&&y 当 x 和 y 均为"真"时,其结果为"真",否则为"假"。

x||y 当 x 和 y 之一为"真"时,其结果为"真",只有二者均为"假"时,其结果为"假"。

! x 当 x 为假时,其结果为"真",否则为"假"。

在处理逻辑表达式时要注意逻辑运算符的优先级及结合性。在 3 个逻辑运算符中"!"的优先级最高,"&&"次之,"||"最低；"&&"和"||"的优先级低于关系运算符和算术运算符,"!"的优先级高于算术运算符；"&&"和"||"的结合性是自左至右,而"!"是自右至左。例如：

```
x > y&&a < c - 5      ⟺    (x > y)&&(a < c - 5)
x! = y&&a > = c + 5   ⟺    (x! = y)&&(a > = c + 5)
!x&&a == c            ⟺    (!x)&&(a == c)
```

2．逻辑表达式

逻辑表达式是用逻辑运算符把操作对象连接起来的式子,操作对象也可以是关系表达式或逻辑表达式,逻辑表达式的操作结果是"真"或"假",分别用"1"和"0"表示。在实际处理逻辑表达式时,如果一个量为非 0,则为"真"；否则为"假"。例如：

当 x＝5,y＝1.5,z＝'a'时,! x,! y,! z 均为"假",即为 0。

当 x＝5,y＝3 时,x&&y 的值为 1,因为 x 和 y 均为非 0。

【例 4.4】 逻辑表达式示例：一些断言及对应的 C 语言表达式。

(1) x∈(a,b),相应表达式：a＜x && x＜b；

(2) x $\in$ (a,b),相应表达式：x＜=a||b＜=x,也可写成! (a＜x && x＜b)；

(3) x 是 1000 以内的非负奇数,相应表达式：0＜=x && x＜1000 && x%2==1；

(4) x,y 中有且仅有一个正数,相应表达式：(x＞0 && y＜=0)||(x＜=0 && y＞0)；

(5) y 年是闰年,即如果 y 能被 4 整除但不能被 100 整除,或能被 400 整除,则 y 年是闰年。相应表达式：(y%4==0 && y%100! =0)||(y%400==0)。

注意：在计算 A&&B 时,如果 A 的值已经算出为 0,则表达式 A&&B 的值就已经确定为"假"(0),B 就不用再计算。同样,在计算表达式A||B时,如果计算出 A 为 1,则表达式

A||B 的值也已经确定为"真"（1），B 也不用再计算。

4.3.6　条件运算符

条件运算符是 C 语言中唯一具有 3 个操作对象的运算符，它的语法形式如下：

表达式 1 ？表达式 2 ：表达式 3

其处理过程是：先计算表达式 1，如果其值为"真"，则计算表达式 2；否则计算表达式 3。用条件运算符构成的表达式被称为条件运算表达式，其结果是一个算术值，或是表达式 2 的值，或是表达式 3 的值。例如：

x > 5 ? y + 3 : y − 4

先处理条件表达式 x>5，如果它为"真"，则计算 y+3，该条件运算表达式的值为 y+3；否则计算 y−4，该条件运算表达式的值为 y−4。

在程序中，常把条件运算表达式的结果赋给某个变量。例如：

result = (x % 2 == 0) ? 0 : 1;

当 x 是偶数时，result＝0，否则 result＝1。又如：

y = x > 0 ? x : − x;

该条件运算表达式将 x 的绝对值赋给 y。

4.3.7　其他运算符

1. 逗号运算符和逗号表达式

C 语言的逗号也是一种运算符，用逗号把几个运算表达式连接起来的表达式被称为逗号表达式。例如：

x = 5, y = x + 5, z −= y, x + 6

就是一个逗号表达式，它由 4 个表达式结合而成。逗号表达式的运算次序是自左而右逐个进行运算，最后一个表达式的结果就是逗号表达式的运算结果。

2. 求字节数运算符

sizeof 是求其操作对象占用字节数的运算符。它在编译源程序时求出其操作对象占用的字节数，其操作对象可以是类型标识符，也可以是表达式。它的语法形式如下：

sizeof(类型标识符)　或　sizeof(表达式)

例如，sizeof(float)的值是 4，表明浮点数占用 4 个字节。又如：

int a[10];

sizeof(a)的值是 20，因为一个 int 型数据占用两个字节，10 个则占用 20 个字节。

4.4　赋值语句

以分号结尾的赋值表达式被称为表达式语句,一般被称为赋值语句。例如:

x = y * y + 10;

在赋值语句中,首先计算赋值操作符右边表达式的值,然后将其值赋给赋值号左边的变量。如果赋值操作符右边表达式的类型与左边变量的类型不同,系统将自动把右边表达式的值转换为与左边变量相同的类型,然后再赋值。

4.5　数据的输入输出

C语言本身没有提供数据输入输出语句,而是通过调用 C 语言开发系统提供的标准输入输出函数实现数据的输入输出功能。C 语言开发系统提供的函数以库的形式存放在系统中,它们不是 C 语言的组成部分,因此,各函数的功能和名字在不同的 C 语言开发系统中可能不同。本节介绍字符输入输出函数,字符串输入输出函数,格式化输入输出函数。

4.5.1　字符输入输出函数

1. 字符输入函数

- 格式:c＝getchar( );
- 功能:该函数从标准输入设备(键盘)上读入一个字符。

当执行 getchar( )函数调用语句时,变量 c 获得一个从标准输入设备上读取的字符代码值。当从键盘输入˜z(Ctrl+z)时,c 得到的值是－1,˜z 称为文件结尾,在程序中经常使用符号常量 EOF 表示。用 getchar( )函数时,要求在程序第 1 行有预编译命令"♯include <stdio. h>"。

【例 4.5】　getchar( )函数应用示例。

```
♯include < stdio. h >
int main( )
{ char(char) ch;
  printf("Please enter a character: ");
  ch = getchar( );                       /＊从键盘读入一个字符＊/
  printf(" ％c hex ％x\n",ch,ch);         /＊在屏幕上输出字符＊/
  return 0;
  }
```

程序运行结果如下:

Please enter a character: B ↵
B hex 42

2. 字符输出函数

- 格式:putchar(c);

其中,c 是一个字符型变量或整型变量,其值被看作是要输出字符的代码,c 被输出到显示终端上。

• 功能:该函数向标准输出设备(显示终端)输出一个字符。使用该函数时,要在程序首行有预编译命令"#include <stdio.h>"。

【例 4.6】 putchar( ) 函数应用示例:把输入的小写字母变成大写字母,并输出在屏幕上。

```
#include <stdio.h>
int main( )
{
  char c;
  while((c = getchar( ))! = EOF)
      if(c > = 'a' && c < = 'z')
        putchar(c - 'a' + 'A');          /*小写字母变成大写字母的算法*/
      else
        putchar(c);
  return 0;
}
```

4.5.2 字符串输入输出函数

1. 字符串输入函数

• 格式:char * gets(char * s);

• 功能:从标准输入设备(键盘)读取一个字符串,存入 s 指向的内存区中。当输入遇到<CR>(回车)字符时,结束串的输入,并自动将<CR>字符转换为'\0'(NULL),存放在输入串的末尾,使其构成一个字符串。

• 参数说明:s 是一个字符型指针,指向存入字符串的首地址。

• 返回值:函数正常返回时,返回读入字符串的首地址,如果遇到文件尾或出错返回NULL。NULL 的定义形式为"#define NULL 0",包含在 stdio.h 头文件中。

下面是一个应用 gets( )函数的实例。

```
#include <stdio.h>
int main( )
{
 char str[100];
 if(gets(str)! = NULL)          /*遇到 NULL,结束输入*/
   printf("%s\n",str);
 return 0;
}
```

2. 字符串输出函数

• 格式:int puts(char * s);

• 功能:将 s 指向的字符串输出到标准输出设备中,并将末尾字符'\0'变换为<CR>输出。

- 参数说明：s 指向要输出的字符串。
- 返回值：正常返回值是 0,错误返回值为 EOF(−1)。

下面是一个应用 puts( )函数的实例。

```
# include < stdio.h>
int main()
  {
   char * s;
   puts("test string I/O");
   while(gets(s)! = NULL)
    puts(s);
   return 0;
    }
```

4.5.3 格式化输入输出函数

1. 格式化输出函数

- 格式：printf("输出格式控制串",输出项表列);
- 功能：按照指定的格式,将输出项表列中的各项输出到标准输出设备中。
- 参数说明：输出格式控制串由一系列格式转换说明符组成,格式转换说明符的描述
形式如下。

%[+][−][0][m.n][l]<形式字母>

a. 形式字母：指定输出格式,是必选项,形式字母的种类如表 4.5 所示。

b. [l]：方括号代表可选项,l(字母)用于长整型和双精度型数据的输出。

表 4.5

形式字母	输出格式	示　例	输 出 结 果
d	十进制整数	int y=25; printf("%d",y);	25
x	十六进制整数	int y=35; printf("%x",y);	23
o	八进制整数	int y=35; printf("%o",y);	43
u	无符号十进制整数	int y=35; printf("%u",y);	35
c	单个字符	char c="A"; printf("%c",c);	A
s	字符串	char s[ ]="This"; printf("%s",s);	This
e	指数形式的浮点数	float y=475.3751; printf("%e",y);	4.753751e+002
f	小数形式的浮点数	float y=475.3751; printf("%f",y);	475.375100
g	e 和 f 中较短的一种	float y=475.3751; printf("%g",y);	475.3751
%	符号"%"本身	printf("%%");	%

c. %：是一个格式转换说明符开始的标识记号。

d. 使用其余参数时请参阅其他教材。

- 输出项表列：

输出项表列指定要输出的数据项，可以指定多个输出数据项，数据项之间用逗号（,）分隔，要输出的数据项可以是变量，也可以是表达式。输出数据项与格式转换说明符的类型要一致，个数要相等。例如：

```
printf("x = % f  n = % d  s = % s\n",x,n,s);
```

其中，输出项 x 与格式转换符%f 相对应，以实型格式输出；输出项 n 与格式转换符%d 相对应，以整型格式输出；输出项 s 与格式转换符%s 相对应，以字符串格式输出；字符"x="、"n="和"s="是照原样输出的字符串。

【例 4.7】 格式化输出函数示例。

```
# include < stdio. h >
int main( )
{
  int x, y, z;
  x = 10;
  y = 15;
  z = 25;
  printf("Output result:\n");
  printf("x = % d y = % d z = % d\n",x,y,z);
  printf("x + y = % d\n x + y + z = % d\n",x + y,x + y + z);
  return 0;
  }
```

程序运行结果如下：

```
Output result:
x = 10   y = 15   z = 25
x + y = 25
x + y + z = 50
```

从上例可以看出，输出格式转换说明符不仅规定了输出项的输出格式，也规定了其输出位置，例如 y 的值输出在"y="之后。另外输出项还可以是表达式。

2. 格式化输入函数

- 格式：scanf("格式控制串",输入项表列);
- 功能：该函数从标准输入设备（键盘）上，按照指定的格式为输入项输入数据。
- 参数说明：scanf 函数的格式控制串与 printf 函数的格式控制串相类似。不同的是，如果 scanf 函数有多个输入项，则需要在格式控制串中指定输入分隔符，即在格式转换说明符之间用空格字符（空格、Tab 和<CR>）或字符作分隔符；在输入数据时，各个数据之间也必须用格式控制串中指定的输入分隔符分隔。例如：

```
scanf("% d % d % f",&x,&y,&z);
```

中的格式转换说明符之间用空格分隔，这就要求在键盘输入的数据也必须用空格分隔，即：

35 45 4.45 ↵

这样输入后,35 赋给 x,45 赋给 y,4.45 赋给 z。

- 输入项表列:

输入项表列指定输入项。输入项与格式转换说明符的类型要一致,个数要相等;输入项还必须以地址形式给出;如果指定多个输入项,则各个输入项之间要用逗号隔开。

【例 4.8】　格式化输入函数示例。

```
# include < stdio. h >
int main( )
{ int a,b,c;
  float average;
  printf("\nPlease input a,b,c: ");
  scanf("%d%d%d",&a,&b,&c);
  printf("a= %d b= %d c= %d\n",a,b,c);
  average= (a+ b+ c)/3;
  printf("average= %f\n",average);
  return 0;
  }
```

程序运行结果如下:

```
Please input a,b,c: 75 85 95 ↵
a= 75   b= 85   c= 95
average= 85.000000
```

4.6　简单程序

在学习 C 语言的数据类型、运算符与表达式、赋值语句、输入输出函数等基本语句和 C 语言的基本结构以后,就可以用 C 语言编写一些非常简单的程序了。下面举两个例子,帮助大家了解掌握用 C 语言设计程序的基本要领。

【例 4.9】　从键盘输入一个英文大写字母,输出相应的小写字母。

问题分析:本问题的要求是:首先,输入一个英文大写字母;其次,将输入的英文大写字母转换为相应的小写字母;最后,输出这个小写字母。在 ASCII 码表上大写字母与小写字母位置差 32,即 A 的 ASCII 码为 65,a 的 ASCII 码为 97,因此只要把输入的大写字母加上 32 就可以变为小写字母,由于 C 语言中一个字符和它的 ASCII 码是自由转换的,不需要专用的转换函数,所以直接用"C2＝C1＋32"就可以把大写字母 C1 变成小写字母 C2。由此确定该问题的数学模型是:C2＝C1＋32。

数据结构:C1、C2 均为字符型变量,分别存储大写字母和小写字母。

算法流程图如图 4.3 所示。

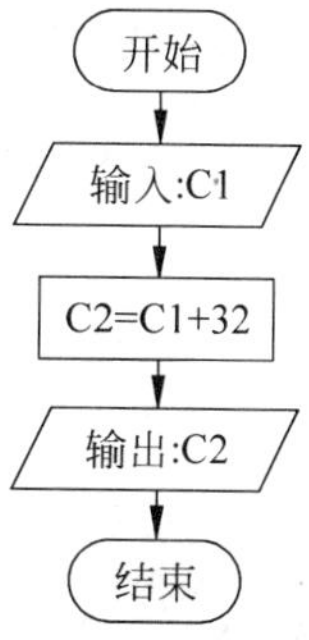

程序:

```
# include < stdio. h >
int main( )
{ char c1,c2;
  c1= getchar( );
  printf("%c,%d\n",c1,c1);
```

图　4.3

```
c2 = c1 + 32;
printf("%c,%d\n",c2,c2);
return 0;
}
```

程序运行结果如下：

```
B↵
B,66
b,98
```

【例 4.10】 设圆柱底面半径为 R，圆柱高为 H，求圆柱表面积和体积。

问题分析：本问题的要求是：首先，输入一个圆柱的半径和高度；其次，计算这个圆柱的表面积和体积；最后，输出计算结果。该问题的数学模型是：圆柱表面积 $S=2\pi r^2+2\pi rh$，圆柱体积 $V=\pi r^2h$，其中 π 为圆周率，r 为圆柱底面半径，h 为圆柱高度。

数据结构：S、V、r、h 均为实型变量，分别存储圆柱的表面积、体积、半径和高度。另外，由于程序中不能出现希腊字母 π 本身，所以，将圆周率 π 定义为常量 PI=3.14。

算法流程图如图 4.4 所示。

程序：

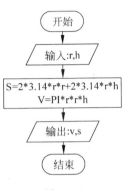

图 4.4

```
#include <stdio.h>
#define PI 3.14
int main()
{ float r,h,s,v;
  scanf("%f%f",&r,&h);
  s = 2 * PI * r * (r + h);
  v = PI * r * r * h;
  printf("圆柱表面积 S = %f\n",s);
  printf("圆柱体积 V = %f\n",v);
  return 0;
}
```

程序运行结果如下：

```
1.5  3↵
圆柱表面积 S = 42.389999
圆柱体积 V = 21.195000
```

第5章

基本控制结构

作为结构化算法的实现工具,高级语言都提供了顺序结构、选择结构和循环结构3种基本控制结构,每种结构都包含若干语句,用于实现结构化算法的顺序结构、选择结构和循环结构。由高级语言实现的这3种基本结构也就是结构化程序的基本结构。结构化程序结构清晰,易读性强,提高了程序设计质量和效率。

5.1 顺序结构

顺序结构是结构化程序基本结构中最简单的一种。其特点是:在程序中独立存在,并存在于选择结构及循环结构中。在顺序结构中,由语句、基本结构及程序组成的每个相对独立的块按它们出现的次序顺序执行。程序中最基本的顺序结构都由简单语句组成,如赋值语句,输入输出语句等。

【例5.1】 对任意3个整数,求它们的平均值,然后输出全部数据。

问题分析:本问题的要求是:首先,输入3个整数;其次,计算这3个整数的平均值;最后,输出计算结果。该问题的数学模型是:$average = (x+y+z)/3.0$,其中,$average$ 代表平均值,x、y、z 分别代表3个整数。

数据结构:x、y、z 均为整型变量,分别存储输入的3个整数;$average$ 为实型变量,存储平均值的计算结果。

算法流程图如图5.1所示。

程序:

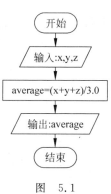

图 5.1

```c
#include<stdio.h>
int main()
 { int x, y, z;
   float average;
   scanf("%d%d%d",&x,&y,&z);
   average=(x+y+z)/3.0;
   printf("The average is %f\n", average);
   return 0;
   }
```

程序运行结果如下:

```
10   20   30   ↵
The average is 20.000000
```

【例 5.2】 求出球的表面积及体积,要求输入半径。

问题分析：本问题的要求是：首先,输入球的半径；其次,计算球的表面积和体积；最后,输出计算结果。该问题的数学模型是计算球的表面积和体积的公式。

数据结构：radius,surface,volume 均为实型变量,分别存储球的半径、表面积和体积。

算法流程图如图 5.2 所示。

程序：

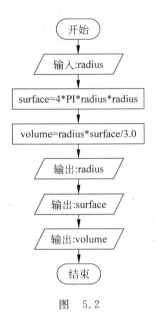

图　5.2

```
#include <stdio.h>
#define PI 3.14
int main ( )
 { float radius;
   double surface,volume;
   scanf("%f",&radius);
   surface = 4 * PI * radius * radius;
   volume = radius * surface / 3.0;
   printf("radius = %f\n",radius);
   printf("surface = %f\n",surface);
   printf("volume = %f\n",volume);
   return 0;
   }
```

程序运行结果如下：

```
10 ↵
radius = 10.000000
surface = 1256.000000
volume = 4188.666667
```

5.2　选择结构

C 语言实现选择结构的语句有 if 语句和 switch 语句。

5.2.1　if 语句

if 语句根据对给定条件的判断结果(真或假)决定要执行的操作。C 语言提供 3 种形式的 if 语句,if 语句可以嵌套使用。

1. if 语句的 3 种形式

1) if (表达式) 语句

这种 if 语句的执行流程如图 5.3(a)所示。例如：

```
if (x > y) printf(" % d",x);
```

2) if（表达式）语句 1

else 语句 2

这种 if 语句的执行流程如图 5.3(b)所示。例如：

```
if (x > y) printf(" % d",x);
else printf(" % d",y);
```

3) if（表达式 1)语句 1

else if（表达式 2）语句 2
else if（表达式 3）语句 3
　⋮　　　　　　⋮
else if（表达式 m）语句 m
else 语句 n

当 m＝4,n＝5 时,这种 if 语句的执行流程如图 5.3(c)所示。

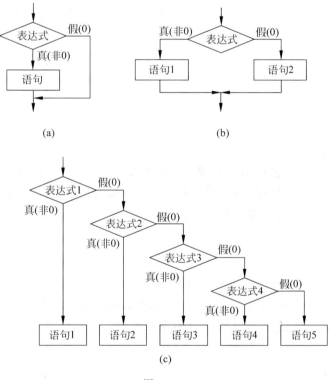

图　5.3

例如：

```
if (number > 500) cost = 0.15;
else if (number > 300) cost = 0.10;
else if (number > 100) cost = 0.075;
else if (number > 50) cost = 0.05;
else   cost = 0;
```

说明：

（1）3 种形式的 if 语句在 if 后面都有"表达式"，该表达式一般为逻辑表达式或关系表达式。例如：

```
if(a == b && x == y) printf("a = b,x = y");
```

系统判断表达式的值，若为非 0，按"真"处理，执行"printf（"a＝b,x＝y"）；"语句；若为 0，按"假"处理，不执行"printf（"a＝b,x＝y"）；"语句。

（2）第 2 种、第 3 种形式 if 语句的每个 else 前面都有一个分号，整个语句结束处有一个分号。例如：

```
if (x > 0)   printf("%f",x);
else         printf("%f", - x);
```

这个分号是 if 语句中内嵌语句要求的。如果没有，则会出现语法错误。注意：上面的 if 语句和 else 语句都属于同一个 if 语句，else 子句不能作为语句单独使用，它必须与 if 配对使用。

（3）在 if 和 else 后面只能跟随一个操作语句，如果有多个操作语句，必须用大括号"{ }"将几个语句括起来成为一个复合语句。例如：

```
if(a + b > c && b + c > a && c + a > b)
    { s = 0.5 * (a + b + c);
      area = sqrt(s * (s - a) * (s - b) * (s - c));
      printf("area = %f",area); }
else printf("It is not a trilateral");
```

注意：在"{ }"外面不需要再加分号。因为"{ }"内是一个完整的复合语句，不需要附加分号。

【例 5.3】 输入一个整数，求这个整数的绝对值。

问题分析：本问题的要求是：首先，输入一个整数；其次，计算这个整数的绝对值；最后，输出计算结果。该问题的数学模型是：

$$abs(a) = \begin{cases} -a & a < 0 \\ a & a >= 0 \end{cases}$$

数据结构：a 为整型变量，存储输入的整数。

算法流程图：根据该问题的数学模型，如果输入的整数小于 0，则其绝对值为输入整数的负值，否则其绝对值为输入整数本身。算法流程图如图 5.4 所示。

程序：

```
# include < stdio.h >
int main( )
{ int a;
  scanf("%d",&a);
  if (a < 0) a = - a;
  printf("%d",a);
  return 0;
}
```

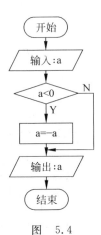

图 5.4

程序运行结果如下：

　－3 ↵
　3

【例 5. 4】　任意给定一个百分制成绩，判断它是否及格。

问题分析：本问题的要求是：首先，输入一个百分制成绩；其次，判断这个百分制成绩是否大于等于 60，如果是，则输出"及格"，否则，输出"不及格"。

数据结构：score 为实型变量，存储输入的百分制成绩。

算法流程图如图 5.5 所示。

程序：

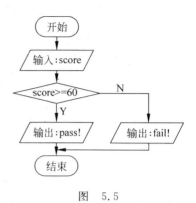

图　5.5

```c
# include < stdio. h>
int main( )
{   float score;
    scanf(" % f",&score);
    if (score > = 60) printf("pass !\n");
    else  printf("fail !\n");
    return 0;
      }
```

该程序执行时，若输入数大于或等于 60，则显示"pass !"，否则显示"fail !"。

【例 5. 5】　学生成绩分为：百分制和五级分制，五级分制为：优、良、中、及格、不及格。任给一个百分制成绩，将它转换为相应的五级分成绩。

问题分析：本问题的要求是：首先，输入一个百分制成绩；其次，判断这个百分制成绩属于五级分的哪一等级；最后输出相应的五级分。该问题的数学模型是：

$$f(\text{score}) = \begin{cases} \text{"优"} & 90 <= \text{score} <= 100 \\ \text{"良"} & 80 <= \text{score} < 90 \\ \text{"中"} & 70 <= \text{score} < 80 \\ \text{"及格"} & 60 <= \text{score} < 70 \\ \text{"不及格"} & 0 <= \text{score} < 60 \end{cases}$$

数据结构：score 为实型变量，存储输入的百分制成绩。

算法流程图如图 5.6 所示。

程序：

```c
# include < stdio. h>
int main( )
  { float score;
    scanf(" % f",&score);
    if(score > = 90 && score < = 100)
          printf("优\n");
    else if(score > = 80 && score < 90)
          printf("良\n");
```

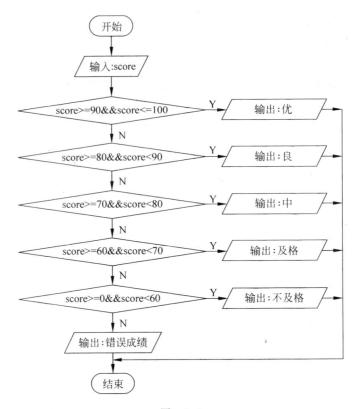

图　5.6

```
else if(score > = 70 && score < 80)
        printf("中\n");
else if(score > = 60 && score < 70)
        printf("及格\n");
else if(score > = 0 && score < 60)
        printf("不及格\n");
else
        printf("错误成绩!\n");
return 0;
        }
```

2. if 语句的嵌套

在 if 语句中包含一个或多个 if 语句称为 if 语句的嵌套。例如：

```
if ( )
   if ( )  语句 1  ⎫内嵌 if 语句
   else    语句 2  ⎭
else
   if ( )  语句 3  ⎫内嵌 if 语句
   else    语句 4  ⎭
```

要注意 if 与 else 的配对关系。配对规则是：从最内层开始，else 总是与它上面最近的而且未曾配对的 if 配对。假如写成：

```
if ( )
    if ( )  语句 1 ⎫
else          ⎬ 内嵌 if 语句
    if ( )  语句 2 ⎭
    else    语句 3
```

虽然用户把 else 写在与第一个 if(外层 if)同一列上,希望 else 与第一个 if 对应,但实际上 else 是与第二个 if 配对,因为它们相距最近。因此,最好使内嵌 if 语句也包含 else 部分,这样 if 的数目和 else 的数目相同,从内层到外层一一对应,不致出错。

如果 if 与 else 的数目不一样,为实现程序设计者的意图,可以加大括号来确定配对关系。例如:

```
⎧ if ( )
⎨      { if ( ) 语句 1 }    /* 内嵌 if 语句 */
⎩ else
         语句 2
```

这时{ }限定了内嵌 if 语句的范围,因此 else 与第一个 if 配对。

注意:在编写程序时,一定要根据设计的算法流程图来编写相应的 if 语句,这样就能够保证 if 语句准确地实现算法流程图的设计意图。

【例 5.6】 有一函数:

$$y=\begin{cases} -1 & (x<0) \\ 0 & (x=0) \\ 1 & (x>0) \end{cases}$$

编写程序,输入一个 x 值,输出 y 值。

问题分析:本问题的要求是:首先,输入一个 x 值;其次,根据输入的 x 值确定相应的 y 值;最后输出 y 值。该问题的数学模型是题目给出的函数公式。

数据结构:x 为实型变量,存储输入的函数变量 x 的值;y 为整型变量,存储函数变量 y 的值。

算法流程图如图 5.7 或图 5.8 所示。

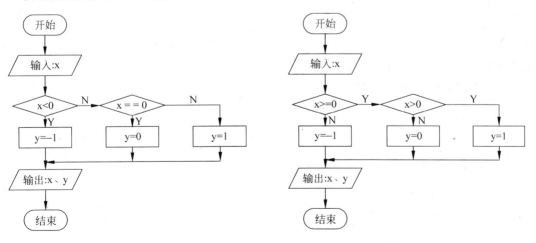

图 5.7   图 5.8

程序：根据算法流程图 5.7 和图 5.8 分别编写出程序 1 和程序 2，如下。

程序 1：

```
#include <stdio.h>
int main ( )
{ float x;
  int y;
  scanf(" %f",&x);
  if (x<0) y= -1;
  else if (x==0) y=0;
  else y=1;
  printf("x= %f,y= %d\n",x,y);
  return 0;
  }
```

程序 2：

```
#include <stdio.h>
int main ( )
{ float x;
  int y;
  scanf(" %f",&x);
  if (x>=0)
    { if(x>0) y=1;
      else y=0;
      }
  else y= -1;
  printf("x= %f,y= %d\n",x,y);
  return 0;
      }
```

5.2.2　switch 语句

解决实际问题经常需要多分支选择，例如，学生成绩分类、工资统计分类等。当然，这些都可以用 if 语句或嵌套的 if 语句处理。但是，如果分支较多，这样做会导致程序冗长而且可读性降低。C 语言提供 switch 语句直接处理多分支选择，其流程如图 5.9 所示。

switch 语句的一般形式如下：

```
switch (e)
{ case c₁ :
              s₁;
              break;
    case c₂ :
              s₂;
              break;
    ⋮
    case cₙ :
              sₙ;
```

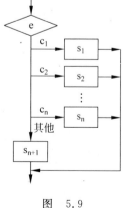

图　5.9

```
                break;
    default :
                sₙ₊₁;
                break;
    }
```

其中 e 是表达式,c_1,c_2,$\cdots$,c_n 是常量表达式,s_1,s_2,$\cdots$,s_{n+1} 是语句组。其执行流程是:首先计算表达式 e 的值,然后逐一判断表达式的值与 c_1,c_2,$\cdots$,c_n 中的哪个值相等,若与某个 c_i 值相等,则执行其下的 s_i 语句组。若不与任何一个 c_i 值相等,则执行 s_{n+1} 语句组。在执行某一分支中的语句组时,遇到 break 语句则退出 switch-case 结构,即程序控制转移至该结构中大括号之后的语句。

【例 5.7】 应用 switch 语句,编写例 3.6 的程序。

```
# include < stdio. h >
int main ( )
{   int month;
    scanf(" % d",&month);
    switch (month)
    {   case 1:
                printf("January");
                break;
        case 2:
                printf("February");
                break;
        case 3:
                printf("March");
                break;
        case 4:
                printf("April");
                break;
        case 5:
                printf("May");
                break;
        case 6:
                printf("June");
                break;
        case 7:
                printf("July");
                break;
        case 8:
                printf("August");
                break;
        case 9:
                printf("September");
                break;
        case 10:
                printf("October");
                break;
        case 11:
                printf("November");
```

```
                break;
        case 12:
                printf("December");
                break;
        default :
                printf("\n Error!");
                break;
        }
    printf("\n");
     return 0;
    }
```

在使用 switch-case 分支结构时，应注意以下 7 点。

（1）switch 后面的表达式可以是整型、字符型或枚举类型表达式。

（2）case 后面的判断值要求是一个常量表达式，它可以是一个整数、字符常量、枚举常量。

（3）各分支语句组中的 break 语句使控制退出 switch 结构。若没有 break 语句，程序将继续执行下面一个 case 中的语句组。例如：

```
switch (C)
{ case 'A':
        uppermum ++ ;
  case 'a':
        lowernum ++ ;
  default :
        sum ++ ;
    }
```

在此开关分支语句中，若 C 的取值是'A'，则 3 个分支都执行；若 C 的取值是'a'，则执行最后两个分支，即"lowernum++；"和"sum++；"；若 C 的取值既不是'A'，也不是'a'，则只执行"sum++；"。

（4）在 switch 分支结构中，各个 case 及 default（default 之后要有 break 语句）的次序是任意的，但是各个 case 后的判断值必须不同。

（5）在 switch 分支结构中，default 部分不是必需的。如果没有 default 部分，当表达式的值与各个 case 的判断值都不一致时，程序不执行该结构中的任何部分。为使程序能够进行错误检查或逻辑检查，要使用 default 分支。例如：

```
switch (ch)
{
  case 'Y':
  case 'y': printf("you answered YES ! \n");
          break;
  case 'N':
  case 'n': printf("you answered NO ! \n");
          break;
    }
```

当 ch 值是 n/N 和 y/Y 以外的其他字符时，就会什么都不输出，如果加上 default 分支，就可以输出提示信息,有助于错误检查或逻辑检查。

(6)尽管最后一个分支之后的 break 语句可以省略,但是建议保留它,在最后一个分支之后写 break 语句是程序设计的好习惯。因为写的程序要被自己或他人维护,假如,要在最后一个分支之后增加几个 case 分支,如果未注意到最后一个分支之后没有 break 语句,则原来的最后一个分支就会受新增分支的干扰而失效。

(7)在 switch 分支结构中,如果要对表达式的多个取值都执行相同的语句组,则对应的多个 case 可共同使用同一个语句组。例如:

```
switch (C)
{
    case '0' :
    case '1' :
    case '2' :
    case '3' :
    case '4' :
    case '5' :
    case '6' :
    case '7' :
    case '8' :
    case '9' :
            ndigit[c - '0'] ++ ;
            break;
    case '' :
    case '\n':
    case '\t':
            nwhite ++ ;
            break;
    default :
            nother ++ ;
            break;
    }
```

5.3 循环结构

C 语言提供 while、do-while 和 for 3 种实现循环结构的语句。

5.3.1 while 语句

while 语句实现当型循环结构,其流程如图 5.10 所示。语句一般形式如下:

```
while(e)
    { S; }
```

其中 e 是表达式,当 e 取非 0 值时,执行 S,否则结束循环。S 可以是单个语句、空语句或复合语句,又称为循环体。

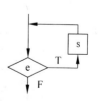

图 5.10

【例 5.8】 应用 while 语句，计算 1～200 之间所有奇数的和。

问题分析：本问题的要求是：首先，计算 1～200 之间所有奇数的和；其次，输出计算结果。该问题的数学模型是：$\sum\limits_{i=1}^{100} 2i - 1$。

数据结构：i、sum 均为整型变量，分别存储数学模型中变量的值与求和的值。

算法流程图：根据本题的数学模型，这是一个累加计算，计算开始之前，将 sum 清零，即 sum＝0，然后，逐一将 1、3、5、…、199 分别与 sum 相加，最后 sum 中存放的就是所有奇数的和。累加公式为：sum＝sum＋2＊i－1，其中 i 的取值为 1～100，完成这个计算的过程就是一个循环过程。算法流程图如图 5.11 所示。

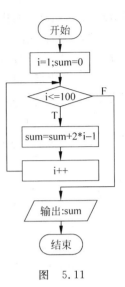

图　5.11

程序：

```
# include < stdio. h>
 int main( )
  {   int i, sum;
      i = 1;
      sum = 0;
      while (i < = 100)
      {   sum = sum + (2 * i - 1);
          i + + ;
      }
      printf("sum = % d\n",sum);
      return 0;
  }
```

（1）如果循环体由多个语句组成，则应该用大括号将循环体括起来；如果是单个语句，则可以省略大括号。

（2）写循环语句时，要正确写出循环条件表达式，使其能正确控制循环次数。

5.3.2　do-while 语句

do-while 语句用于实现直到型循环结构，其流程如图 5.12 所示。语句一般形式如下：

```
do
{ S; }
while(e);
```

其中 e 是表达式，S 是循环体，它可以是单个语句、空语句或复合语句。

do-while 循环的执行流程是：先执行循环体，再计算表达式 e，然后判断它是否为非 0，如果是，则返回重新执行循环体，否则结束循环。do-while 循环先执行一次循环体，再判断是否继续循环。

【例 5.9】 用 do-while 循环实现例 5.8。

算法流程图如图 5.13 所示。

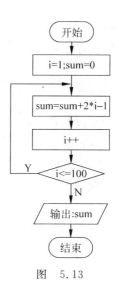

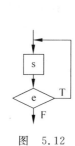

图　5.12　　　　　　　图　5.13

程序：

```
# include < stdio. h>
int main()
{   int i, sum;
    i = 1;
    sum = 0;
    do
    {   sum = sum + (2 * i - 1);
        i ++ ;
        } while (i < = 100);
    printf("sum = % d\n", sum);
    return 0;
}
```

在使用 do-while 语句时，应注意如下两点。

（1）在 do-while 循环中，while(e)之后必须有分号（；）。

（2）在 do-while 循环中，无论循环体是否为单一语句，习惯上都用大括号把它括起来，并把"while(e)；"直接写在"}"的后面，以免把"while(e)；"部分误认为是一个新 while 循环的开始。

5.3.3　for 语句

C 语言的 for 语句是比 while 语句功能更强而且更加灵活的一种循环结构，其流程如图 5.14 所示。

for 语句的一般形式为：

```
for (e1; e2; e3)
    { S; }
```

其中 e1、e2 和 e3 均为表达式，这 3 个表达式的作用不同。e1 用于进入循环之前给某些变量赋初值，也称初值表达式；e2 指定循环条件，其作用与 while 语句中的表达式 e 相同，它一般是关系表达式或逻辑表达式；e3 用于循环一次后，对某些变量进行修正，所以也称修改表达式。通常 e1 和 e3 是赋值语句。这 3 个表达式中的任何一个均可省略，但其后面的分号不能省略。如果 e2 省略，则认为循环条件永远为"真"。例如：

```
for (; ; )
    { … }
```

是一个无限循环，需要通过其他手段结束循环。

  S 是循环体，它可以是单个语句、空语句或复合语句。如果循环体是单个语句或空语句，可以省略大括号；如果循环体由多个语句组成，则必须用大括号括起来。

  for 循环的执行流程如下。

（1）计算表达式 e1。

（2）计算表达式 e2，并判断其值，若为"真"（非 0），则执行（3）；若为"假"（0），则结束循环。

（3）执行循环体 S。

（4）计算表达式 e3。

（5）重复执行（2）。

  【例 5.10】 用 for 循环实现例 5.8。

算法流程图如图 5.15 所示。

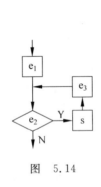

图 5.14

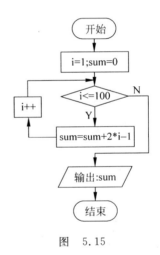

图 5.15

  程序：

```
#include<stdio.h>
int main( )
{ int i,sum;
  sum = 0;
  for (i = 1; i <= 100; i ++ )
    sum += 2 * i - 1;
  printf("sum = % d\n",sum);
  return 0;
  }
```

  for 循环语句一般都可转化为与之等价的 while 循环语句：

     for 语句   对应的 while 语句

```
for {e1; e2; e3}              e1;
 {                            while (e2)
    S;                         {
  }                              S;
                                 e3 ;
                                   }
```

【例 5.11】 求 100~999 之间的水仙花数。

问题分析：首先,要了解水仙花数的定义。水仙花数是指其各位数字的立方和等于该数本身的一个 3 位数,即一个 3 位数 d1d2d3 如果满足：

$$d1d2d3 = d1 * d1 * d1 + d2 * d2 * d2 + d3 * d3 * d3$$

则称数 d1d2d3 是一个水仙花数。如 153 是一个水仙花数,因为：$1 * 1 * 1 + 5 * 5 * 5 + 3 * 3 * 3 = 153$。其次,题目的要求是把 100~999 之间的水仙花数挑选出来,然后输出。本题的数学模型可以描述为：对于 100~999 之间的每一个整数,如果其满足水仙花数的条件,则输出。

数据结构：i,d1,d2,d3,j 均为整型变量,i 依次存储从 100~999 之间的每个 3 位数,d1、d2、d3 分别存储一个 3 位数的百位数、十位数和个位数,j 存储中间计算结果。

算法流程图：依据水仙花数的判别条件,对 100~999 之间的每个 3 位数依次判别,这是一个循环过程。对于一个数的判别,关键是取得这个数的百位数、十位数和个位数,具体算法和本题的算法流程图如图 5.16 所示。

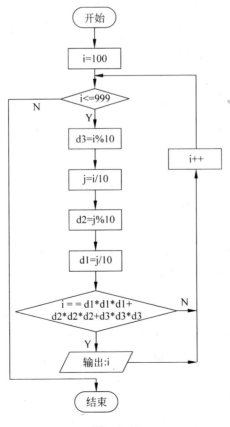

图 5.16

程序：

```
# include < stdio.h >
int main( )
  { int d1,d2,d3,i,j;
    for (i = 100; i <= 999; i++)
      { d3 = i % 10;
        j = i/10;
        d2 = j % 10;
        d1 = j/10;
        if (i == d1 * d1 * d1 + d2 * d2 * d2 + d3 * d3 * d3)
            printf("%d\n",i);
          }
    return 0;
      }
```

5.3.4　三种循环比较

（1）C语言提供的三种循环语句能够处理同一问题，一般情况下可以互换，但其功能和灵活程度不同。for语句功能最强，最方便灵活，使用最多，任何循环都可以用for实现；其次是while；do-while用得最少。

（2）while和do-while的循环变量初始化在循环语句之前完成，for语句循环变量的初始化在for中的e1表达式中实现。

（3）for和while循环先判断循环条件，后执行循环体，do-while循环则先执行一次循环体，然后才判断循环条件。因此，后者不管什么情况，都至少要执行一次循环体。

5.3.5　多重循环

在一个循环的循环体内又包含另一个循环，被称为循环的嵌套。被嵌入的循环又可以嵌套循环，这就是多重嵌套，又称为多重循环。在实际应用中，经常要用到多重循环。

下面是一个多重循环的例子。

【例5.12】　求自然数2～100之间的素数。

问题分析：首先，要了解素数的定义。素数的定义是：只能被1和自身整除的自然数被称为素数。其次，题目的要求是把2～100之间的素数挑选出来，然后输出。本题的数学模型可以描述为：对于2～100之间的每一个整数，如果其满足素数的条件，则输出。

数据结构：i、k均为整型变量，k依次存储2～100之间的每一个整数（素数），i依次存储判别数（条件）。

算法流程图：依据素数的判别条件，对2～100之间的每个数k依次判别，这是一个循环过程。对于一个数k的判别，根据素数定义，如果从2～k-1的每个数i中只要有一个能够整除k，那么，k就不是素数，反之，如果从2～k-1的每个数i都不能够整除k，那么，k就是素数，i变量从2～k-1的过程又是一个循环过程，而且，这个循环过程被包含在2～100之间的循环过程中。算法流程图如图5.17所示。

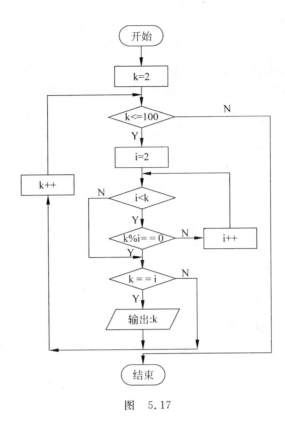

图 5.17

程序:

```
#include <stdio.h>
int main ( )
  { int i, k;
    for (k = 2; k <= 100; k ++)
    {   for (i = 2; i < k; i ++)
          if (k % i == 0) break;
        if (i == k)
          printf("%d",k); /* 打印素数 */
    }
    return 0;
    printf("\n");
  }
```

C 语言提供的三种循环语句都可以互相嵌套。下面例举的几种嵌套都是合法的。

(1) for (e1; e2; e3)
    {
        …
        while (e)
        {
            S;
        }
        …
    }

```
（2）for (e1; e2; e3)
    {
      …
    for (expr1; expr2; expr3)
    {
     S;
     }
      …
     }
（3）while (e)
    {
      …
    while (expr)
       {
        S;
         }
      …
      }
```

在使用循环嵌套时，被嵌套的一定是一个完整循环结构，即两个循环结构不能相互交叉。如图 5.18 所示，其中图 5.18(a) 是非法嵌套，图 5.18(b) 是合法嵌套。

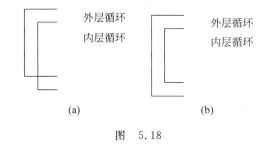

图　5.18

5.4　C 语言的 break 语句和 continue 语句

1. break 语句

break 语句不仅可以使流程跳出 switch 结构，继续执行 switch 语句下面的语句，还可以提前结束循环，从循环体内跳出，接着执行循环语句下面的语句。例如：

```
for (r = 1; r < = 10; r + + )
 { area = PI * r * r;
   if (area > 100) break;
   printf(" % f",area);
   }
```

计算 r=1 到 r=10 的圆面积，直到面积 area 大于 100 为止。可以看出：当半径 r=6 时，其 area>100，这时执行 break 语句，提前终止循环，即不再继续执行剩余的 4 次循环。

注意：break 语句不能用于循环语句和 switch 语句之外的任何其他语句中。

2. continue 语句

一般形式为:

continue ;

其作用是结束本次循环,即跳过循环体中下面尚未执行的语句,接着判定下一次是否执行循环。

continue 语句和 break 语句的区别是:continue 语句只结束本次循环;而 break 语句则结束整个循环。例如以下两个循环结构。

```
(1) while (表达式 1)          (2) while(表达式 1)
    {           …              {              …
     if (表达式 2) break ;            if (表达式 2) continue ;
       …                              …
    }                              }
```

程序(1)的流程如图 5.19 所示。程序(2)的流程如图 5.20 所示。注意图 5.19 和图 5.20 中当"表达式 2"为"真"时流程的转向。

【**例 5.13**】 把 $100\sim200$ 之间的不能被 3 整除的数输出。

问题分析:题目的要求是:把 $100\sim200$ 之间的所有不能被 3 整除的数挑选出来,然后输出。本题的数学模型可以描述为:对于 $100\sim200$ 之间的每一个整数,如果不能被 3 整除,则输出。

数据结构:n 为整型变量,依次存储 $100\sim200$ 之间的每一个整数。

算法流程图:对 $100\sim200$ 之间的每一个整数进行挑选,这是一个循环,循环体内的操作是:如果数 n 能被 3 整除,则进行下一个数的判别,也就是执行下一次循环,否则,输出数 n,继续执行下一次循环。算法流程图如图 5.21 所示。

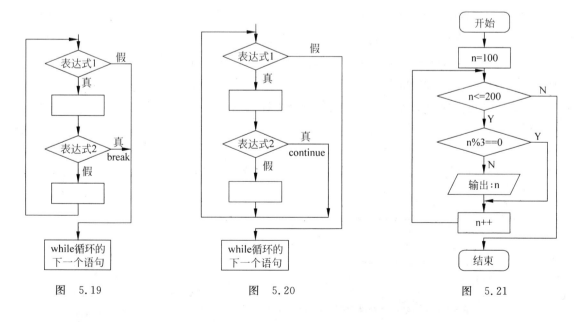

图 5.19　　　　　　　图 5.20　　　　　　　图 5.21

程序：

```
# include < stdio. h>
int main ( )
  { int n;
    for (n = 100; n <= 200; n ++ )
      { if(n % 3 == 0) continue;
        printf(" % d",n);
        }
    return 0;
      }
```

程序中循环体也可以改用一个语句处理：

```
if(n % 3! = 0) printf(" % d",n);
```

而不用 continue 语句，在程序中用 continue 语句是为了说明它的作用。

5.5   程序设计举例

【**例 5.14**】　编写求解一元二次方程：$ax^2 + bx + c = 0$ 根的程序。

问题分析：本问题的要求是：首先，输入一组一元二次方程系数 a、b、c 的值；其次，计算这组系数确定的一元二次方程的根；最后，输出一元二次方程的根。根据问题要求确定该问题的数学模型就是计算一元二次方程根的公式。

数据结构：a、b、c 均为浮点型变量，分别存储方程的 3 个系数；x1 和 x2 为浮点型变量，分别存储方程的两个实根；rpart 和 ipart 为浮点型变量，分别存储方程虚根的实部和虚部；q 为浮点型变量，存储判别式的值。

算法流程图：一元二次方程的求解可以分为 3 种情况。

(1) a=0。此时如果 b 也为 0，则方程无意义；否则，方程为一元一次方程，只有一个根。

(2) a≠0 且 $b^2 - 4ac \geq 0$。此时，方程具有两个实根，即 $(-b \pm \sqrt{b^2 - 4ac})/2a$。

(3) a≠0 且 $b^2 - 4ac < 0$。此时，方程具有两个虚根，虚根实部的值为 $-b/2a$，虚根虚部的值为 $\pm \sqrt{-(b^2 - 4ac)}/2a$。

在算法描述中应对上述 3 种情况进行判断。算法的具体描述如图 5.22 所示。

程序：

```
# include < stdio. h>
# include < math. h>                    //开方函数 sqrt()需要 math. h 头文件
int main ( )
 { float a,b,c,p,rpart,ipart,x1,x2;
   scanf(" % f % f % f",&a,&b,&c);
   if (a == 0)
    {  if (b == 0)                        // (1)
          printf("\n a, b, c are illegal!");
        else
        {  x1 = - c/b;
           printf("There is one root, x = % f", x1);
```

```
            }
        }                                    // (2)
    else
    { p = b * b - 4 * a * c;
        if (p > = 0)
            if (p == 0)
            {   x1 = - b/(2 * a);
                printf("double root x = % f",x1);
            }
            else
            {   x1 = - b/(2 * a) + sqrt(p)/(2 * a);
                x2 = - b/(2 * a) - sqrt(p)/(2 * a);
                printf("\n x1 = % f x2 = % f",x1,x2);
            }
        else
        { rpart = - b/(2 * a);
            ipart = sqrt( - p)/(2 * a);
            printf("\n has comphex roots :");
            printf("\n x1 = % f + % fi",rpart,ipart);
            printf("\n x2 = % f - % fi",rpart,ipart);
        }
    }
    return 0;
}
```

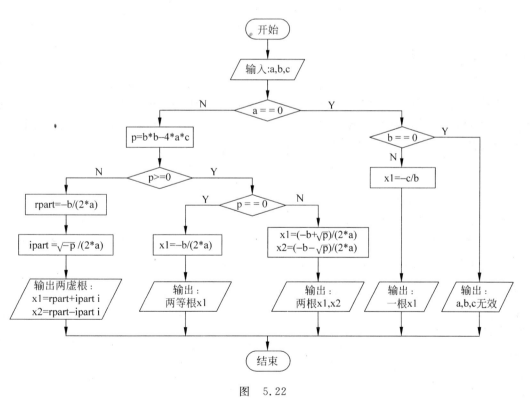

图 5.22

注意：在此例中，有的大括号可以省略，有的则不能省略。(1)和(2)这对大括号可以省略，其他则不能。

第6章

构造数据类型

整型(int)、实型(float 和 double)、字符型(char)等都是基本数据类型,它们从单个数据的角度组织数据,一个问题的数据通常存在一定关系,如果不利用数据之间的关系去构造、组织数据,就可能无法求解问题,即使能求解,求解过程也可能非常复杂、烦琐。为此,各语言系统都提供了构造数据类型。构造数据类型是用户根据问题的实际需要定义构造的数据类型,其基础是基本数据类型,即构造数据类型应用基本数据类型,从整体与数据之间的关系角度,组织问题的基本数据类型并构造问题的数据结构。人们利用构造数据类型能够很容易地确定问题的算法,解决那些以基本数据类型为数据结构解决困难或难以解决的问题。

C 语言提供了数组、结构、联合、枚举等构造数据类型,它们都是由基本数据类型按一定规则组成的。

6.1 数组类型

数组是具有相同数据类型且按一定次序排列的一组变量的集合体。构成一个数组的所有变量称为数组元素,数组的名字称为数组名,每一个数组元素由数组名及其在数组中的位置(下标)确定。数组按下标个数分为:一维数组、二维数组和三维数组等,二维及以上数组统称为多维数组。

6.1.1 一维数组

1. 一维数组定义

一维数组是数组名后只有一对方括号的数组,其定义方式为:

类型标识符　数组名[正整型常量表达式];

例如:int score[10];

定义一个由 10 个元素组成的一维数组,数组名为 score,其 10 个元素分别为 score[0]、score[1]、score[2]、…、score[9],它们均为整型变量。

说明:

(1) 命名数组要遵循标识符的命名规则;

(2) 数组名后用方括号括住元素个数,不能用圆括号;

(3) 正整型常量表达式表示元素个数,即数组长度,数组长度一般用常量和符号常量表

示,不可以用变量表示;

(4) 数组元素下标的编号从 0 开始到数组长度减 1。

例如,下面的数组定义是合法的。

```
#define  BUFSIZE   512
#define  STACKSIZE  1024
int  tokenstack[BUFSIZE];
char inputbuffer[STACKSIZE];
float  salary[15+5],s[10];
```

而下面的定义是不合法的。

```
int  x;
int  weight[x];           /*不能用变量表示数组长度*/
char name(50);            /*数组名后面应该用[ ]*/
int  num[-5];             /*不能用负数表示数组长度*/
char Deptname[x+15];      /*不能用变量表达式表示数组长度*/
```

2. 一维数组引用

数组与变量一样,也必须先定义后使用。C 语言规定不能对数组整体进行操作,例如,不能对整个数组进行赋值或进行其他各种运算,只能对数组元素进行操作。数组元素的引用形式为:

数组名[下标]

其中,下标是正整型常量表达式,也可以是含变量的正整型表达式。例如:

```
int i,a[15];
for(i=0; i<7; i++)
    a[2*i]=2*i;                 /*数组元素的引用合法*/
for(i=1; i<8; i++)
    a[2*i-1]=2*i*i-1;          /*数组元素的引用合法*/
printf("%d",a);                /*要输出整个数组的内容是不合法的*/
printf("%d",a[5]);             /*输出数组元素是合法的*/
```

C 语言编译系统编译程序时,不检查数组下标是否越界,操作系统执行程序时,也不会检查数组下标是否越界。因此,在数组引用时,一定要注意:数组下标的取值不能超过数组长度减 1。

3. 一维数组初始化

数组初始化就是在定义数组的同时给数组元素赋初始值。一维数组初始化的一般形式:

类型标识符　数组名[N]={值 1,值 2,…,值 N};

其中:

(1) N 是数组元素个数,大括号中的值是初始值,用逗号分开。例如:

```
int    x[5] = {3,4,7,8,10};
```

初始化后,x 数组各个元素的值分别为：x[0]＝3,x[1]＝4,x[2]＝7,x[3]＝8,x[4]＝10。

（2）如果大括号中值的个数少于数组元素的个数,则剩余数组元素初始化为 0。例如：

```
int    x[5] = {3,4,7};
```

初始化后,x 数组各个元素的值分别为：x[0]＝3,x[1]＝4,x[2]＝7,x[3]＝0,x[4]＝0。

（3）在数组定义时,可以默认方括号"[ ]"中数组元素的个数,而由大括号中初始值的个数决定数组的长度。例如：

```
int    y[ ] = {6,4,1,7,8,10};
```

等价于：

```
int    y[6] = {6,4,1,7,8,10};
```

（4）对于静态或全局类型的数组,如果不在定义时初始化,则多数编译系统都将其初始化为 0。有关全局类型和静态类型等将在第 7 章中介绍。

4．一维数组应用举例

【例 6.1】 编写程序,定义一个含有 30 个元素的整型数组；依次给数组元素赋奇数 1、3、5、…、59；然后按每行 10 个数顺序输出。

问题分析：题目的要求是：首先,定义一个长度为 30 的整型数组；其次,依次给数组元素赋奇数 1、3、5、…、59；最后,按每行 10 个顺序输出数组元素,即按如下格式输出数组元素值。

```
s[0]   s[1]   …   s[9]
s[10]  s[11]  …   s[19]
s[20]  s[21]  …   s[29]
```

数据结构：s[30]为整型数组,用于存储 1、3、5、…、59 等 30 个奇数；i、k 均为整型变量,i 存储数组下标,用于对数组的循环赋值和循环输出,即循环变量；k 用于依次存储 1、3、5、…、59 等 30 个奇数,完成对数组元素的赋值。

算法流程图：对 s 数组的元素依次赋值是一个重复赋值操作的过程,这是一个循环,根据数组元素下标的要求,s 数组元素的下标从 0～29,所以,用于存储数组下标的变量 i 取值就从 0～29。关于每行 10 个数顺序输出,根据问题分析中要求的格式,可知在输出数组元素时,如果数组下标为 10 的倍数时,就先输出一个回车换行,然后再输出数组元素。算法流程图如图 6.1 所示。

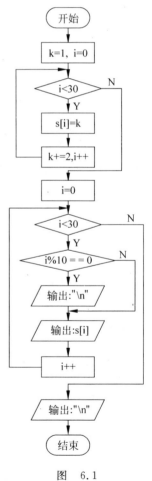

图　6.1

程序:

```
#define  M  30                          /*定义M为符号常量*/
#include<stdio.h>
int main()
{ int s[M],i,k=1;
  for(i=0; i<M; k+=2,i++)
        s[i]=k;                         /*给s数组元素依次赋1、3、…*/
  for(i=0; i<M; i++)
    { if(i%10==0) printf("\n");          /*利用i控制输出换行符*/
      printf("%4d",s[i]);
        }
  printf("\n");
  return 0;
    }
```

程序运行结果如下:

```
 1   3   5   7   9  11  13  15  17  19
21  23  25  27  29  31  33  35  37  39
41  43  45  47  49  51  53  55  57  59
```

6.1.2 多维数组

在数组名后有两对方括号的数组被称为二维数组,同理,数组名后有N对方括号的数组被称为N维数组,二维及以上的数组被称为多维数组。

1. 多维数组定义

多维数组定义的一般形式如下:

类型标识符   数组名[正整型常量表达式1][正整型常量表达式2] …;

多维数组定义的数组元素个数为:

正整型常量表达式1 * 正整型常量表达式2 * …

同一维数组一样,多维数组每一维元素的下标也是从0开始到该维的长度减1。例如:

```
int  x[2][3];
```

是一个整型二维数组,共有6个整型元素,它们按顺序分别是:

```
x[0][0],x[0][1],x[0][2],x[1][0],x[1][1],x[1][2]
```

又如:

```
float y[2][3][4];
```

是一个浮点型三维数组,共有24个浮点型元素,它们按顺序分别是:

```
y[0][0][0]   y[0][0][1]   y[0][0][2]   y[0][0][3]
```

```
y[0][1][0]  y[0][1][1]  y[0][1][2]  y[0][1][3]
y[0][2][0]  y[0][2][1]  y[0][2][2]  y[0][2][3]
y[1][0][0]  y[1][0][1]  y[1][0][2]  y[1][0][3]
y[1][1][0]  y[1][1][1]  y[1][1][2]  y[1][1][3]
y[1][2][0]  y[1][2][1]  y[1][2][2]  y[1][2][3]
```

定义一维数组时需要注意的问题对多维数组也适用。

2．多维数组存储形式

多维数组元素在内存中按下标顺序依次存储在连续的内存空间中。

对于二维数组，其各个元素按先行后列的顺序存放，例如：

```
int x[2][3];
```

先存放第 1 行，顺序为：

```
x[0][0],x[0][1],x[0][2];
```

然后存放第 2 行，顺序为：

```
x[1][0],x[1][1],x[1][2]
```

数组 x[2][3]在内存中的连续存放顺序如图 6.2(a)所示。

对于三维数组，例如：

```
float   y[2][3][4];
```

先存放：

```
y[0][0][0],y[0][0][1],y[0][0][2],y[0][0][3];
```

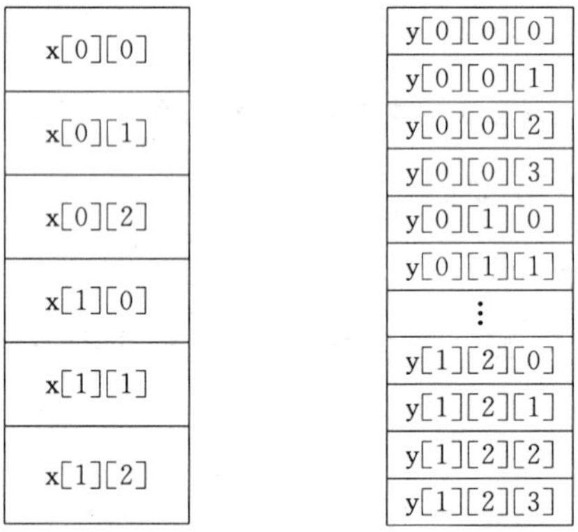

（a）二维数组   （b）三维数组

图   6.2

然后存放：

```
y[0][1][0],y[0][1][1],y[0][1][2],y[0][1][3] …;
```

最后存放：

```
y[1][2][0],y[1][2][1],y[1][2][2],y[1][2][3]
```

数组 y[2][3][4] 在内存中的连续存放顺序如图 6.2(b)所示。

3．多维数组引用

与一维数组一样,不能整体引用一个多维数组,只能引用其元素,引用格式类似一维数组。

二维数组的引用形式为:

数组名[下标 1][下标 2]；

三维数组的引用形式:

数组名[下标 1][下标 2][下标 3]；

其中,下标 1、下标 2、下标 3 是正整型常量表达式,也可以是含变量的正整型表达式。例如,对数组:

```
int   z[4][10],a[4][5][7];
```

在 i、j、k、m 的取值都为正整数的情况下,下面的引用都是合法的:

```
z[1][0],z[i][j],a[3][1][6],a[i][2*k-1][m+3]
```

在多维数组引用中也要特别注意下标越界的问题。

4．多维数组初始化

多维数组初始化方式有以下两种。

1) 把初始值放在一个大括号内

例如,对二维数组 x[2][3]可用如下方法初始化:

```
int   x[2][3]={1,3,5,2,4,6};
```

于是:

```
x[0][0]=1,x[0][1]=3,x[0][2]=5;
x[1][0]=2,x[1][1]=4,x[1][2]=6
```

又如:

```
int   y[2][3][4]={1,2,3,4,5,6,7,8,9,10,11,12,13,14,15,16,17, 18,19,20,21,22,23,24};
```

于是:

```
y[0][0][0]=1, y[0][0][1]=2, y[0][0][2]=3, y[0][0][3]=4;
y[0][1][0]=5, y[0][1][1]=6, y[0][1][2]=7, y[0][1][3]=8;
y[0][2][0]=9, y[0][2][1]=10,y[0][2][2]=11,y[0][2][3]=12;
y[1][0][0]=13,y[1][0][1]=14,y[1][0][2]=15,y[1][0][3]=16;
y[1][1][0]=17,y[1][1][1]=18,y[1][1][2]=19,y[1][1][3]=20;
y[1][2][0]=21,y[1][2][1]=22,y[1][2][2]=23,y[1][2][3]=24
```

一维数组初始化的方式也适用于多维数组,但是,如果对全部元素都赋初值,则定义数组时对第一维的长度可以不指定,对第二维的长度必须指定。例如:

```
int    a[3][4] = {1,2,3,4,5,6,7,8,9,10,11,12};
```

等价于：

```
int    a[ ][4] = {1,2,3,4,5,6,7,8,9,10,11,12};
```

2）把多维数组分解成多个一维数组

可以把二维数组看作是一个特殊的"一维数组"，它的每一个元素又是一个一维数组。例如：

```
int    a[2][3];
```

可以把它看成是具有两个元素：a[0]、a[1]的一维数组，而a[0]、a[1]又都是具有 3 个元素的一维数组，即：

```
a[0]: a[0][0],a[0][1],a[0][2];
a[1]: a[1][0],a[1][1],a[1][2]
```

因此，对二维数组 a[2][3]的初始化又可以分解成对多个一维数组的初始化：

```
int    x[2][3] = {{1,3,5},{2,4,6}};
```

其效果与不分解完全一样。

又如，对三维数组：

```
int    y[2][3][4];
```

（1）分解成两个一维数组：

```
y[0]
y[1]
```

它们各有 3 * 4 个元素。

（2）又可以分解为 6 个二维数组：

```
y[0][0]
y[0][1]
y[0][2]
y[1][0]
y[1][1]
y[1][2]
```

它们又各包含 4 个元素。

于是对 y[2][3][4]数组又可以做如下初始化：

```
int    y[2][3][4] = { {1,2,3,4,5,6,7,8,9,10,11,12},
                      {13,14,15,16,17,18,19,20,21,22,23,24}}
```

或者

```
int    y[2][3][4] = { { {1,2,3,4},{5,6,7,8},{9,10,11,12} },
                      { {13,14,15,16},{17,18,19,20},{21,22,23,24} }
                      };
```

5. 多维数组的应用举例

【例6.2】 将二维数组 a 的行和列元素互换,存到另一个二维数组 b 中,给定的 a 数组和转换后的 b 数组如下。

$$a = \begin{pmatrix} 1 & 2 & 3 \\ 4 & 5 & 6 \end{pmatrix} \qquad b = \begin{pmatrix} 1 & 4 \\ 2 & 5 \\ 3 & 6 \end{pmatrix}$$

问题分析:本问题的要求是:首先,定义二维数组 a[2][3] 和 b[3][2],并用给定的数据对二维数组 a 初始化;其次,将 a 数组中的元素按照行列互换的要求,存储到 b 数组中;最后,输出 a 数组和 b 数组的每个元素。该问题的数学模型为:b[j][i]=a[i][j],其中,i=0,1;j=0,1,2。

数据结构:a[2][3] 和 b[3][2] 均为二维整型数组,用于存储给定的数组和转换后的数组;i、j 均为整型变量,用于依次存储数组的行号和列号,即为循环变量。

算法流程图:根据该问题的数学模型可知,a 数组对 b 数组的赋值是一个循环嵌套过程,即外层循环是循环变量为 i 的循环,内层循环是循环变量为 j 的循环。这样,就可以将 a 数组中的元素按照先行后列的顺序依次存放到 b 数组中相应的位置。二维数组的输出也是一个循环嵌套过程,算法流程图如图6.3所示。

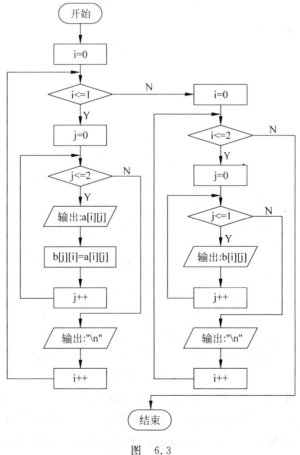

图 6.3

程序：

```
#include<stdio.h>
int main ( )
{   int a[2][3]={{1,2,3},{4,5,6}};
    int b[3][2],i,j;
    printf("array a:\n");
    for (i=0; i<=1; i++)
    { for (j=0; j<=2; j++)
        { printf(" %3d",a[i][j]);
          b[j][i]=a[i][j];
            }
      printf("\n");
            }
    printf("array b:\n");
    for (i=0; i<=2; i++)
     { for (j=0; j<=1; j++)
        printf (" %3d",b[i][j]);
       printf("\n");
        }
    return 0;
        }
```

程序运行结果如下：

```
array a:
  1   2   3
  4   5   6
array b:
  1   4
  2   5
  3   6
```

【例 6.3】　求一个 3×4 矩阵中数值最大的元素，以及它所在的行号和列号。

问题分析：本问题的要求是：首先，定义一个二维数组 a[3][4]，并且输入 a 数组的所有元素值；其次，求出 a 数组中数值最大的元素及其所在的行号和列号；最后，输出这个最大值与其所在的行号和列号。

数据结构：a[3][4] 为二维整型数组，用于存储 3×4 矩阵中的数；i、j 均为整型变量，用于依次存储数组的行号和列号，即为循环变量；max、row、column 均为整型变量，用于存储求得的最大值及其所在的行号和列号。

算法流程图：对二维数组元素的输入是一个先行后列的过程，也就是以存储数组行号的变量 i 为外层循环，以存储数组列号的变量 j 为内层循环，以输入函数为循环体的一个两层嵌套循环。关于求取数组元素中的最大值，可以先将数组元素 a[0][0] 赋给 max，并将 0 分别赋给 row 和 column；然后，将 a 数组中的所有元素依次与 max 进行比较，如果比较的元素大于 max，则将这个元素的值赋给 max 并把其所在的行号和列号分别赋给 row 和 column，否则不替换，这样比较完成后，max 中存放的值就是数组元素中的最大值，row 和

column 中存放的是相应的行号和列号；这个比较过程同样是一个两层嵌套循环。算法流程图如图 6.4 所示。

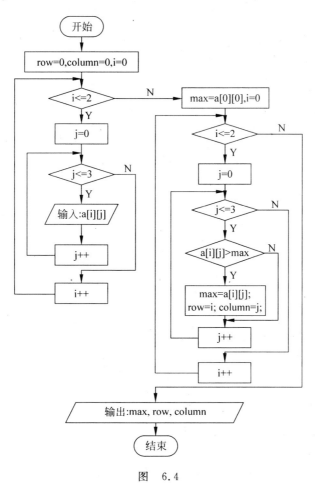

图 6.4

程序：

```
# include < stdio.h>
int main ( )
 { int i, j, row = 0, column = 0, max;
   int a[3][4];
   for ( i = 0; i <= 2; i ++ )
     for( j = 0; j <= 3; j ++ )
        scanf(" % d",&a[ i ][ j ]);
   max = a[0][0];
   for ( i = 0; i <= 2; i ++ )
     for( j = 0; j <= 3; j ++ )
       if (a[ i ][ j ]> max)
        { max = a[ i ][ j ];
           row = i;
           column = j;
            }
```

```
    printf("max = % d,row = % d,column = % d\n",max,row,column);
    return 0;
      }
```

程序运行结果如下：

```
1 2 3 4 9 8 7 6  - 10 10  - 5 2⏎
max = 10,row = 2,column = 1
```

6.1.3　字符数组与字符串

1. 字符型数组定义

字符型数组是数据类型为 char 的数组，每一个数组元素存放一个字符，字符型数组用于存放字符串或字符。

例如：char c[10];

c[0] = 'I'；c[1] = '␣'；c[2] = 'a'；c[3] = 'm'；c[4]='␣'；

c[5] = 'h'；c[6] = 'a'；c[7] = 'p'；c[8] = 'p'；c[9]='y'；

该字符数组中存放了以下 10 个字符：

I␣am␣happy

字符数组一般被用于存放字符串，C 语言规定字符串以'\0'结尾，在定义存放字符串的数组时，其数组长度要比字符串的字符个数多 1，以便保留字符'\0'。

2. 字符数组初始化

字符数组初始化有以下两种方式。

1）用字符常量初始化数组

例如：char str[11]={'I','␣','a','m','␣','h','a','p','p','y','\0'};

该数组被初始化为"I am happy\0"。

2）用字符串常量初始化数组

例如：char str[18]="This is a program";

该初始化自动在字符串末尾加'\0'。

以上两种初始化方式的效果完全一样，但后者要简单得多。

在字符数组的初始化中，如果提供的字符个数多于数组元素的个数，则作为语法错误处理；如果字符个数小于元素个数，则多余数组元素自动赋 0 值。在用字符常量初始化时，如果字符数组末尾没有'\0'字符，则该字符数组不能作为字符串处理，只能作字符逐个处理，初始化时是否加'\0'取决于是否作字符串处理。

可以把二维字符数组看作一维字符串数组。例如：

```
char string[3][6];
```

可看作包含 3 个字符串的数组，按如下方法将其初始化：

```
char string[3][6] = {"WANG","ZHANG","SHEN"}
```

其存储形式如图 6.5 所示。

W	A	N	G	\0	
Z	H	A	N	G	\0
S	H	E	N	\0	

图　6.5

3．字符数组的输入输出

C 语言的标准函数库提供了许多有关字符和字符串的操作函数，其中包括输入输出函数。

（1）用函数 getchar( )或 scanf( )的"％c"格式符对字符数组进行字符循环输入。例如：

```
char c[15];
for(i = 0; i < = 14; i ++ )
    c[i] = getchar( );
```

或者

```
char c[15];
for(i = 0; i < = 14; i ++ )
    scanf(" % c",&c[i]);
```

（2）用函数 scanf( )的"％s"格式符对字符数组进行输入。例如：

```
char c[15];
scanf(" % s",c);
```

或者

```
scanf(" % s",&c[0]);
```

当在键盘输入"program＜CR＞"时，c 数组中自动包含一个以'\0'结尾的字符串"program"。注意："％s"格式要求操作数是地址，所以，上述两种写法均正确。但是，写法：

```
scanf(" % s",&c);
```

是不正确的。

（3）用函数 putchar( )或 printf( )的"％c"格式符对字符数组进行字符循环输出，例如：

```
char c[15];
    …                    / *  对 c[15]数组赋值等操作 * /
for(i = 0; i < 15; i ++ )
    putchar(c[i]);
```

或者

```
char c[15];
    …                    / *  对 c[15]数组赋值等操作 * /
```

```
for(i = 0; i < 15; i ++ )
    printf("% c",c[i]);
```

（4）用函数 printf( )的"％s"格式符输出字符数组，这要求字符数组一定要以'\0'结尾。例如：

```
char c[15] = "program";
printf("% s",c);
```

程序运行后将输出字符串："program"。

4. 字符数组应用举例

【例 6.4】 从键盘输入一行字符，并以"♯"结束，其字符个数少于 20。将其中的小写字符转换成大写字符，其他字符保持不变，将转换后的这行字符输出。

问题分析：本问题的要求是：首先，从键盘输入一行以"♯"结束的字符，其长度不超过 20；其次，将这行字符串中的小写字符转换成大写字符，其他字符不变；最后，输出这行经过转换后的字符。

数据结构：str[20]为字符型数组，存储从键盘输入的一行字符；i 为整型变量，作为遍历字符数组的循环变量。

算法流程图：算法从字符数组的第一个元素 str[0]开始，逐一检查数组元素中的字符，直到遇见"♯"结束，这个过程是一个循环过程，循环执行的条件是检查的字符不是"♯"。在检查过程中，如果数组元素中的字符是小写字符，则将其转换为大写字符，否则不转换，这个检查过程就是循环体。算法流程图如图 6.6 所示。

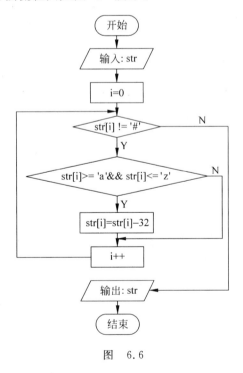

图 6.6

程序：

```
# include < stdio. h>
int main()
 { char str[20];
   int i;
   gets(str);
   for(i = 0; str[i]! = '#'; i++ )
     if(str[i]> = 'a' && str[i]< = 'z')
           str[i] = str[i] – 32;
   printf(" %s\n",str);
   return 0;
   }
```

6.2　结构体类型

数组是具有相同数据类型数据的集合体，为程序设计带来很大方便。但是，在程序设计中，经常需要将一些关系密切并且数据类型不同的数据组织到一起。为此，C语言提供了结构体类型。

结构体通常是由不同类型数据组成的集合体。一个结构体可以包含若干成员（元素），每一个成员具有不同的名字和数据类型，特殊情况下，也可以具有相同的数据类型。为了处理方便，每个结构体都有一个名字，所有的成员都组织在该名字之下。结构体的典型例子是工资单，如图6.7所示。

姓　名		地　址			单　位		基本工资	附加工资	补贴	房租	水电	实发金额
职员号	职员名	住址	电话	邮编	编码	名称						

图　6.7

结构体的成员是通过结构体名字引用的，而不像数组通过下标引用。结构体为处理复杂数据结构提供了有力方法，也为函数间传递一组不同类型的数据提供了方便，特别是为数据结构比较复杂的大型程序提供了方便。

6.2.1　结构体类型的定义和使用

1. 结构体类型定义

一般情况下，结构体类型中的所有数据项都是逻辑相关的，用户可以根据程序设计需要，定义自己的结构体类型。定义结构体类型的一般形式为：

```
struct   结构体类型名
        { 数据类型1   成员名1;
          数据类型2   成员名2;
          ┆          ┆
          数据类型n   成员名n;
          };
```

其中，关键字 struct 是定义结构体类型不可缺少的标识符；结构体类型名是用户定义的结构体类型标识；大括号"{ }"中是成员表列，即组成该结构体类型的各个成员；每个成员的数据类型可以是基本数据类型，如整型、实型、字符型等，也可以是复杂数据类型，如数组、结构体类型等；结构体类型定义以分号结束。

例如，定义描述日期的结构体类型：

```
struct   date
    { int   year;
      int   month;
      int   day;
      };
```

又如，定义描述学生有关情况的结构体类型：

```
struct   student
    { int   num;
      char name[20];
      char sex;
      int age;
      float score;
      char addr[30];
        };
```

以上定义的结构体类型 struct date 和 struct student 都是用户定义的数据类型，它们与用系统定义的标准数据类型 int、char、float 和 double 等定义相应类型的变量一样，可以用来定义结构体变量。需要注意的是，结构体类型中的 struct 为关键字，不能省略。

在一个程序中，结构体类型的定义可以在一个函数的内部，也可以在所有函数的外部。在函数内部定义的结构体类型，仅在函数内部有效；在函数外部定义的结构体类型，在所有函数中均可使用。这一点类似于将在第 7 章中介绍的局部变量和全局变量。

2．结构体变量定义

定义结构体变量有多种方法，规范的方法是先定义结构体类型再定义结构体变量。例如，上面已定义了一个结构体类型 struct student，下面就可以用它定义结构体变量。

```
struct student   student1,student2;
```

这样就定义了两个结构体变量 student1 和 student2，它们具有 struct student 类型的结构。

为了使用方便，人们常用一个符号常量代表一个结构体类型，然后，用这个符号常量定义结构体变量。例如：

```
#define   STUDENT   struct student
STUDENT   student1,student2;
```

也可以在定义结构体类型时，直接使用自定义类型。例如：

```
typedef struct
    { int num;
      char name[20];
```

```
    char sex;
    int  age;
    float score;
    char  addr[30];
       }  STUDENT;
```

这样,使用 STUDENT 定义结构体变量与前面用 struct student 定义的效果是一样的。有关宏定义和自定义类型将在第 8 章中讲解。

如果一个程序的规模较大,往往将结构体类型的定义集中放到一个以".h"为扩展名的文件中,这个文件被称为头文件。需要用到头文件中结构体类型的源程序,必须用 ♯include 命令将该头文件包含到源文件中。这样便于装配、修改和使用。

关于结构体类型与结构体变量的 3 点说明。

(1) 类型与变量是不同的概念。一般要先定义一个结构体类型,然后再定义该结构体类型的变量;只能对结构体变量赋值、存取或运算,而不能对结构体类型赋值、存取或运算。

(2) 结构体变量中的成员按照结构体类型定义时的顺序,占用连续的存储空间,每个成员可以单独使用,其作用和地位相当于普通变量。

(3) 结构体类型成员的数据类型可以是一个已定义的结构体类型。

例如:

```
struct grade
    { float C;
      float Object_C;                /* 代表 C++ */
      float Java;
         };
struct date
    { int month;
      int day;
      int year;
         };
struct student
    { int num;
      char name[20];
      char sex;
      int age;
      struct grade score;
      struct date birthday;
      char addr[30];
         } student1, student2;
```

先定义一个代表"成绩"的 struct grade 类型,包括 3 个成员:C、Object_C、Java,分别代表 C、C++、Java 3 门课程的成绩;然后定义一个代表"日期"的 struct date 类型,包括 3 个分别代表月、日、年的成员:month、day、year;最后在定义 struct student 类型时,成员 score 的类型为 struct grade 类型,成员 birthday 的类型为 struct date 类型。struct student 的结构如图 6.8 所示。

num	name	sex	age	score			birthday			addr
				C	Object_C	Java	month	day	year	

图 6.8

（4）结构体类型中的成员可以与程序中的变量同名，二者代表不同的对象。例如，程序中可以定义一个变量 num，它与 struct student 中的 num 是不同的，互不干扰。

3．结构体变量引用

在定义结构体变量以后，就可以引用这个变量，引用结构体变量应遵守以下规则。

（1）不能整体引用一个结构体变量，只能引用结构体变量的成员。引用方式为：

结构体变量名.成员名

其中"."是成员运算符，它是优先级为 1 的运算符。

例如，前面定义了结构体变量 student1，则 student1.num 表示变量 student1 的 num 成员，即 student1 的 num 项。可以对结构体变量的成员赋值，例如：

```
student1.num = 12015;
```

其作用是将整数 12015 赋给变量 student1 的成员 num。

（2）如果成员本身还是一个结构体变量，则要继续使用成员运算符"."，这样，逐级找到最低一级的成员。对结构体变量，只能对最低一级的成员进行存取或运算。例如，对上面定义的结构体变量 student1，可以这样访问其成员：

```
student1.score.C
student1.birthday.month
```

注意：不能用 student1.score 访问变量 student1 的成员 score，因为 score 本身也是一个结构体变量。同样，也不能用 student1.birthday 访问成员 birthday。

（3）结构体变量的成员与相同类型的普通变量一样，可以进行各种运算。例如：

```
student1.age ++ ;
strcpy(student1.name,"ZhangMing");
```

（4）可以对结构体变量的成员进行取地址操作，也可以直接引用结构体变量的地址。例如：

```
scanf(" % d",&student1.num);          /* 输入 student1.num 的值 */
printf(" % 04xH\n",&student1);         /* 输出 stuednt1 的地址 */
```

但是，不能用结构体变量的地址直接读入结构体变量的值，例如：

```
scanf("…",&student1);
```

是错误的。结构体变量的地址主要用作函数参数，传递结构体变量的地址。

【例 6.5】 求一名学生各科成绩的总分与平均分。学生数据包括学号和姓名；各科包括 C 语言、C++ 语言、Java 语言等课程。

问题分析：该问题的要求是：首先，输入学生的学号、姓名、C 语言成绩、C++ 语言成绩、Java 语言成绩；其次，计算 C、C++、Java 3 门语言课程成绩的总分与平均分；最后，输出学生的学号、姓名、C 语言成绩、C++ 语言成绩、Java 语言成绩、总分、平均分。

　　数据结构：题目中学生具有学号、姓名、C 语言成绩、C++ 语言成绩、Java 语言成绩、总分、平均分 7 个数据属性，其中，学号需要存储在整型变量中，姓名需要存储在字符数组中，成绩、总分、平均分需要存储在浮点型变量中，由于这 7 个不同类型的数据都属于学生，所以，需要定义一个学生结构体变量存储学生的全部 7 个属性数据。定义学生结构体类型与变量如下：

```
struct grade
    { int num;
      char name[10];
      float c;
      float object_c;
      float java;
      float sum;
      float ave;
            };
struct grade score;
```

　　算法流程图：略。
　　程序：

```
# include < stdio. h >
struct grade
    { int num;
      char name[10];
      float c;
      float object_c;
      float java;
      float sum;
      float ave;
        };                      / * 定义结构体类型 * /
int main( )
 { struct grade score;          / * 定义结构体变量 * /
   printf("Number:");
   scanf(" % d",&score. num);
   getchar( );                  /  * 读入 Enter 键 * /
   printf("Name:");
   gets(score. name);
   printf("Score of C:");
   scanf(" % f",&score. c);
   printf("Score of Object_C:");
   scanf(" % f",&score. object_c);
   printf("score of Java:");
   scanf(" % f",&score. java);
   score. sum = score. c + score. object_c + score. java;
   score. ave = score. sum/3;
   printf( "Number  Name  C  Object_C  Java  Sum  Average \n");
   printf(" % 6d % 10s % 7.2f % 7.2f % 7.2f % 7.2f % 7.2f\n",score. num,score. name,score. c,
         score. object_c,score. java,score. sum,score. ave);
   return 0;
       }
```

程序运行结果如下：

```
Number: 18 ↵
Name: Wang tao ↵
Score of C: 98.5 ↵
Score of Object_C: 95.5 ↵
Score of Java: 99 ↵
Number  Name       C      Object_C   Java    Sum      Average
    18  Wang tao  98.50    95.50    99.00   293.00    97.67
```

4. 结构体变量初始化

结构体变量初始化的一般形式为：

struct　结构体名　结构体变量名＝{初始数据表列}；

例如：

```
struct student
  { long int num;
    char name[20];
    char sex;
    int age;
    float score;
    char addr[30];
      };
struct student s = {94012,"LiuMing",'M',21,89.5,"45 Shandong Road"};
```

对结构体变量初始化时，应注意以下 3 点。
（1）初始化数据之间用逗号(,)隔开；
（2）初始化数据的个数与结构体变量成员的个数要相等；
（3）初始化数据的类型与相应结构体变量成员的类型要一致。

6.2.2　结构体数组及其初始化

结构体数组的概念与普通数组的概念相同，由若干具有相同结构体类型的元素构成，占用连续的存储空间。

1. 结构体数组定义

结构体数组定义的方法与结构体变量定义的方法类似，只需把结构体变量改为结构体数组即可。
例如：

```
struct student
  { long int num;
    char name[20];
    char sex;
    int age;
    float score;
```

```
      char addr[30];
        };
    struct student stu[3];
```

定义了一个元素为 struct student 类型的结构体数组 stu,共有 3 个数组元素。

2．结构体数组初始化

结构体数组初始化的一般形式为:

struct　结构体名　结构体数组名[ ]={初始数据表列};

其中"struct 结构体名"是预先定义的结构体类型。例如:

```
struct student
  { long num;
    char name[15];
    char sex;
    int age;
    float score;
    char addr[20];
      };
  struct student stu[3]={{97015,"Li Fang",'F',18,90,"45 Nanjing Road"},
                         {97042,"Zhang Hai",'M',20,85,"86 Jiefang Road"},
                         {97026,"Sun Hong",'F',19,87,"32 Beijing Road"}};
```

编译系统在编译时将第一个大括号中的数据送给 stu[0],第二个大括号中的数据送给 stu[1],第三个大括号中的数据送给 stu[2]。

3．结构体数组应用举例

【例 6.6】　设有 3 位候选人,10 人参加选举,编写候选人得票统计程序。要求每次输入一个得票候选人的名字,最后输出各候选人的得票统计结果。

问题分析:该问题的要求是:首先,每次输入一个得票候选人的名字,共输入 10 次;然后统计每位候选人的得票数;最后,输出每位候选人的名字与其得票数。

数据结构:题目中候选人具有姓名和得票数两个数据属性,其中,姓名需要存储在字符数组中,得票数需要存储在一个整型变量中,由于这两个不同类型的数据都属于候选人,所以,需要定义一个候选人结构体变量存储候选人的姓名和得票数。定义候选人结构体类型如下:

```
struct person
    { char name[20];
      int count;
      };
```

题目还要求有 3 位候选人参选,因此,用已经定义的候选人结构体类型定义一个长度为 3 的结构体数组,以存储每位候选人的名字与得票数,因为候选人的姓名是确定的,所以,定义候选人结构体数组时,直接用候选人的姓名和 0 得票数对其初始化。定义候选人结构体数组并初始化如下:

```
struct person leader[3] = {{"Zhao",0},{"Wang",0},{"Hao",0}};
```

最后，定义整型变量 i、j，分别用于输入 10 张选票的循环变量与对 3 名候选人计票的循环变量。

算法流程图：依次输入 10 张选票的过程是一个循环过程，循环变量 i 取值从 0～9，称为 i 循环；仿照人工唱票的方式，每输入一张选票，也就是一个候选人的姓名，程序都需要将输入的姓名与候选人结构体数组中 3 位候选人姓名依次对比，以将选票记在相应候选人的名下，这个过程又是一个循环过程，循环变量 j 取值从 0～2，称为 j 循环，并且，这个 j 循环是嵌套在 i 循环中的。算法流程图如图 6.9 所示。

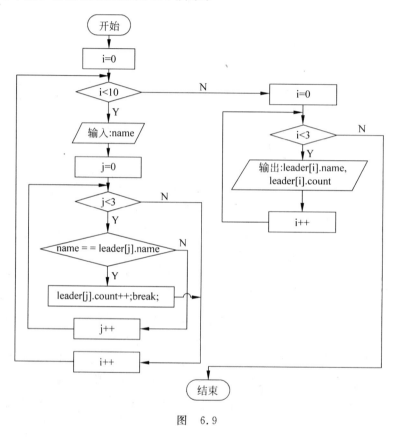

图　6.9

程序：

```
# include < stdio. h>
# include < string. h>
struct person                          /* 定义候选人结构体类型 */
    { char name[20];
        int count;
        };
struct person leader[3] = {{"Zhao",0},{"Wang",0},{"Hao",0}};
int main ( )
{ int i,j;
  char name[20];
  for(i = 0; i < 10; i ++ )
```

```
      { printf("Input a name:");
        gets(name);
        for(j = 0; j < 3; j ++ )
          if(strcmp(name,leader[j].name) == 0)
              { leader[j].count ++ ;   /* 找到候选人后对其计票 */
                break;                 /* 找到候选人后结束 j 循环 */
                 }
      }
    printf("\n");
    for(i = 0; i < 3; i ++ )
        printf(" % - 5s: % d\n",leader[i].name,leader[i].count);
    return 0;
    }
```

程序运行结果如下：

```
Input a name: Hao ↵
Input a name: Wang ↵
Input a name: Hao ↵
Input a name: Zhao ↵
Input a name: Wang ↵
Input a name: Hao ↵
Input a name: Hao ↵
Input a name: Zhao ↵
Input a name: Wang ↵
Input a name: Hao ↵
Zhao: 2
Wang: 3
Hao : 5
```

在 main 函数中定义字符型数组 name,用来存放被选人的姓名,虽然它与结构体中的成员 name 同名,但彼此之间互不干扰;另外,由于成员运算符". "的优先级高于自增运算符"++",因此"leader[j]. count ++"相当于"(leader[j]. count)++"。

6.3 联合类型

6.3.1 联合类型及其变量定义

在设计程序时,为节约内存有时需要将几个不同类型、不同时存储的变量共用同一段内存单元,这种类型的结构被称为联合类型结构。例如,要求将一个整型变量、一个字符型变量、一个长整型变量共用同一地址开始的内存单元段中,这 3 个变量虽然占用的字节数不同,但是都从同一地址开始存放,然而,这段内存单元某一时刻只能存储 3 个变量中的一个,不能同时存储 3 个变量。

联合类型及其变量的定义方式与结构体类型及其变量的定义方式相似,只要把结构体类型关键字 struct 改为联合类型关键字 union 即可。联合类型定义的一般形式为:

union 联合类型名

```
{ 数据类型 1      成员名 1;
  数据类型 2      成员名 2;
     ⋮            ⋮
  数据类型 n      成员名 n;
  };
```

例如：

```
union   data
{ int  i;
  char ch;
  long l;
  };
```

定义联合类型 union data 以后，就可以用它定义联合变量。例如：

```
union   data   a,b,c;
```

6.3.2 联合变量的引用方式

联合变量的引用方式与结构体变量的引用方式十分相似。只能引用联合变量成员，不能引用联合变量。例如，在前面定义联合变量 a、b、c 之后，就可以用下面的方式引用联合变量 a 的成员。

```
a.i              /* 引用联合类型变量 a 的成员 i */
a.ch             /* 引用联合类型变量 a 的成员 ch */
a.l              /* 引用联合类型变量 a 的成员 l */
```

但是，不能引用联合变量 a 。例如：

```
printf("%d",a );
```

是错误的，此时编译系统无法确定要输出哪一个成员的值。

6.3.3 联合类型数据的特点

由于联合类型数据的各个成员共用但不同时使用同一段内存单元，因此它具有以下特点。

（1）一个联合变量可以存放几种不同类型的成员，但是，在任何时刻只能存放其中一个成员，而不是同时存放几个。即每一时刻只有一个成员起作用，其余成员不起作用。

（2）向一个联合变量的成员赋值时会破坏原先存放的成员数据，只有最后一次被赋值成员的值是正确的。在引用联合变量成员时，要确认其是联合变量当前存放的成员。

（3）联合变量的地址与其各成员的地址是相同的，例如：&a,&a.i,&a.ch,&a.l 的地址值是相同的，只是它们指向的数据类型不同。

（4）不能对联合变量名赋值，也不能通过引用联合变量名而得到成员的值，更不能对联合变量初始化。

（5）不能用联合变量作为函数的参数，也不能使函数返回联合变量。可以使用联合变量成员作为函数实参，也可以使用指向联合变量的指针，其用法与指向结构体变量的指针相似。

(6) 联合类型可以出现在结构体类型定义中,结构体类型也可以出现在联合类型定义中。数组可以作为联合类型的成员。也可以定义联合类型的数组。

【例 6.7】 有一位教师和一名学生的数据,学生数据包括姓名、性别、职业和成绩,教师数据包括姓名、性别、职业和职务。描述教师和学生的数据项是不同的,现在要求把它们放在同一表格中,如图 6.10 所示。如果 job(职业)项为 S(学生),则第 4 项为 score(成绩);如果 job(职业)项为 T(教师),则第 4 项为 position(职务)。要求输入人员的数据,然后再输出。

Name	Sex	Job	Score / Posotion
Zhao	F	S	95
Li	M	T	Professor

图 6.10

由图 6.10 可知,第 4 项数据应该用联合类型数据处理。程序如下:

```
# include < stdio. h >
# include < stlib. h >
struct   Teac_Stu
 { char name[15];
   char sex;
   char job;
   union
    { int score;
      char position[15];
      } category;
   };
struct   Teac_Stu   person[2];
int main( )
{ int i;
  for (i = 0; i < 2; i ++ )
  { printf("Name sex and job:");
    scanf(" % s",person[i].name);
    getchar( );
    scanf(" % c",&person[i].sex);
    getchar( );
    scanf(" % c", &person[i].job);
    getchar( );
    if (person[i].job == 'S'||person[i].job == 's')
     { printf("score:");
       scanf(" % d",&person[i].category.score);
       }
    else if(person[i].job == 'T'||person[i].job == 't')
     { printf("position:");
       scanf(" % s",person[i].category.position);
       }
    else
     { printf("input error!\n");
       exit(0);
```

```
            }
        }
    printf("\n");
    printf("Name  Sex    Job   Score/Position\n");
    for(i = 0; i < 2; i++)
        if(person[i].job == 'S'||person[i].job == 's')
            printf("% - 10s % - 6c % - 9c % - 9d\n", person[i].name, person[i].sex,person[i].job,
                    person[i].category.score);
        else  printf("% - 10s % - 6c % - 9c % - 15s\n",person[i].name,person[i].sex, person[i].
                job, person[i].category.position);
    return 0;
    }
```

程序运行结果如下：

```
Name sex and job:Zhao F S ↵
score:95 ↵
Name Sex and job:Li M T ↵
position : professor ↵


Name    Sex    Job    Score/Position
Zhao     F      S         95
Li       M      T         professor
```

程序在 main 函数之前定义结构体类型 struct Teac_Stu，其中包含一个联合类型成员 category，category 有两个成员，一个是整型成员 score，另一个是字符型数组成员 position。结构体类型成员 job 起到一种标志的作用，其值为'S'或's'时，category 中存放成员 score 的整型数据；其值为'T'或't'时，category 中存放成员 position 的字符串。

6.4 枚举类型

枚举类型是 ANSI C 新标准增加的数据类型，如果一个变量只有几种可能的取值，则可以定义为枚举类型。所谓"枚举"是将变量的可能取值逐一列举出来，变量在列举值的范围内取值。

枚举类型定义的一般形式为：

enum 枚举类型名 {枚举常量表列};

其中 enum 为枚举类型的关键字，枚举常量表列中的各枚举常量之间用逗号分隔。例如：

```
enum  fruit  {apple,banana,grape,orange};
```

定义了一个枚举类型 enum fruit，可以用此类型定义变量。例如：

```
enum  fruit  a,b;
```

定义变量 a,b 为 enum fruit 类型的变量，它们的取值只能是 apple、banana、grape、orange 之一。其中 apple、…、orange 等称为枚举元素或枚举常量，它们是用户定义的标识符，其含义由用户决定。

第7章

函数

结构化程序设计是应用逐步求精的、层次化的、模块化的方法求解问题。前几章讨论的结构化程序设计方法适用于解决简单的单一性问题。实际中,人们使用计算机解决的问题都是比较复杂的综合性问题,即所谓的系统。本章介绍的内容是如何采用结构化程序设计方法解决复杂的、综合性的问题。

7.1 函数

7.1.1 函数概述

为满足结构化程序设计的需要,所有高级语言都提供了类似于子程序的概念。在 C 语言中,子程序功能是由函数完成的。一个 C 程序由一个主函数和若干个函数构成,由主函数调用其他函数,其他函数之间也可以相互调用。

在程序设计中,经常将一个大程序化分为若干功能模块,分别编写成若干个函数,并且可以对这些函数分别编译,从而提高调试效率。利用函数可以最大限度地减少重复编写程序的工作量。

下面先举一个简单的例子,说明有关函数的概念。

【例 7.1】 下面程序的功能是:首先在主程序中输入圆的半径;其次调用函数计算圆的面积,并将其值返回到主程序中;最后在主程序中输出圆的面积。

```c
# include < stdio. h >
int main( )
{   float area(float   x );          /* 函数说明 */
    void printstar( );               /* 函数说明 */
    float r,s;
    printstar( );                    /* 调用 printstar 函数 */
    printf("Input r = ");
    scanf(" % f", &r);
    s = area(r);                     /* 调用 area 函数 */
    printf("s = % f\n",s);
    printstar( );                    /* 调用 printstar 函数 */
    return 0;
    }
```

```
void printstar( )                    /*定义 printstar 函数*/
    { printf("********\n");
    }
float area(float  x)                 /*定义 area 函数和形参说明*/
    { float s;
      s = 3.14 * x * x;
      return(s);
    }
```

程序运行结果如下：

```
********
Input r = 10 ↵
s = 314.000000
********
```

其中 printstar 和 area 都是用户定义的函数，分别完成输出一行星号（*）和求圆面积的功能。

说明：

（1）一个 C 语言程序可以由一个或多个源程序文件组成。对于一个较大的程序，一般把一些相互关联的函数存放到一个文件中，从而，把一个大程序分别放到若干个源文件中。一个源程序文件由一个或多个函数组成，由于每个源程序文件都是一个编译单位，这样就可以对这些源程序文件分别编写与编译，提高调试效率。每个源程序文件都可以被其他 C 程序共用，这样也可以提高代码重用率。

（2）一个 C 程序由一个或多个函数构成。一个 C 程序中必须有且只能有一个主函数 main，C 程序的执行从 main 函数开始，调用其他函数后，程序流程仍将返回到 main 函数，最后程序在 main 函数中结束。

（3）C 语言中所有定义的函数都是互相独立的，一个函数并不从属于其他函数，即函数不能嵌套定义，各函数之间可以互相调用，但不能调用 main 函数。

（4）从用户使用的角度来看，函数有两种。

① 标准函数，即库函数。这种函数是由系统提供的，用户不必自己定义这些函数，可以直接调用它们。但应注意，不同 C 语言系统所提供的库函数数量和功能不同，使用时应查找相关的手册，但一些基本函数是相同的。如 scanf 和 printf 均为标准函数。

② 自定义函数。用户为满足自己需要而定义的函数。如例 7.1 中的 printstar 和 area 均为自定义函数。

（5）从函数的形式来看，可分为两类。

① 无参函数。如例 7.1 中的 printstar 函数。在调用无参函数时，主调函数并不需要将数据传给被调用函数。无参函数常用来执行一组指定的操作，一般不返回函数值。

② 有参函数。如例 7.1 中的 area 函数。在调用有参函数时，在主调函数和被调用函数之间有参数值传递，也就是说，主调函数可以将数据传给被调用函数使用（如例 7.1 中，当 main 函数调用 area 函数时将变量 r 的值传递给了形参 x），被调用函数中的数据也可以返回来供主调函数使用。

（6）当被调用函数定义在主调函数之后时，通常要在主调函数中或主调函数之前对被调用的函数进行说明。如在例 7.1 的 main 函数中对 area 和 printstar 函数进行了说明。

7.1.2 函数定义

1. 函数定义的一般形式

函数定义就是确定一个函数完成什么功能以及怎样运行。函数定义的一般形式为：

```
类型标识符  函数名(形式参数表列及说明)
{ 说明部分
  语句
  }
```

说明：

(1) 类型标识符指明函数中 return 语句返回函数值的类型，它可以是 C 语言中除数组以外的任何一种数据类型，如 int、float、char 等。类型标识符可以省略，这时 C 语言默认函数返回值的类型是整型。当函数没有返回值时，应把函数类型说明为 void 类型，即空类型。

(2) 函数名标识函数的名称，其命名规则与标识符命名规则相一致。为增强程序的可读性，函数名的命名常与函数所完成的功能相关。函数名后的一对圆括号是函数的标识，即使函数没有形式参数也不可以省略。

(3) 形式参数表列是写在圆括号中的一组变量名，称为形式参数，各形式参数之间用逗号分隔。C 语言允许函数没有形式参数，此时圆括号内为空。

(4) 形式参数说明是对形式参数表列中的每一个形式参数进行类型说明。

例如：

```
int   max( int x, int y)
 { int z;
   z = x > y ? x: y;
   return(z);
    }
```

在定义函数 max 的形式参数表列中同时说明 max 的形参 x 是 int 型，形参 y 也是 int 型。注意：每一个形参面前都必须有一个类型标识符。

(5) 用大括号括起来的部分是函数体，它是一个分程序结构，由变量定义部分和语句组成。在函数体中定义的变量只有在执行该函数时才存在于内存中，函数体中的语句规定函数执行的操作，体现函数的功能。在函数体中可以既无变量定义部分，也无语句部分，此时称为空函数，但大括号是不可省略的。

例如：

```
void null(void)
  { }
```

调用此函数时，不做任何工作，立即返回到调用函数。在结构化程序设计中，往往根据需要把程序分成若干个模块，分别由一些函数来实现相应的功能。但是，当这些函数还没有编辑完成之前，经常把对应函数名的空函数放在程序中，使程序具有完整的结构，便于其他部分的调试，最后用编辑好的函数来代替它。

2．形式参数与实际参数

如果被调用的函数需要输入值，就必须定义接收输入值的变量，这些变量被称为函数的形式参数（以下简称形参）；在调用函数时，函数名后面括号中的表达式称为实际参数（以下简称实参），实参可以是具有确定值的常量、变量或表达式；在函数调用时实参的值传给形参变量，但是，如果使用数组名作函数实参，则传递给形参的值是数组的首地址而不是数组元素的值（参见7.3节），实参与形参的类型应一致，如果不一致，则会发生"类型不匹配"错误，导致运行结果不正确。

【例7.2】 用函数求两个整数中的最大值。

问题分析：本问题总的要求是：首先，在主函数中输入两个整数；其次，以输入的两个整数为实参，调用求两个整数中最大值的函数，并把求得的最大值返回给主函数；最后，在主函数中输出求得的最大值。本问题对函数的要求是：首先，接收从主函数中传入的两个整数；其次，求得这两个整数中的最大值；最后，将求得的最大值返回给主函数。

数据结构：在主函数中，定义 x、y、z 均为整型变量，分别存储输入的两个整数和其中的最大值；在求两个整数中最大值的函数（max）中，定义 a、b 为形式参数，类型为整型，分别存储从主函数中传入的 x 变量值和 y 变量值，定义 c 为整型变量，存储 a、b 这两个整型变量中的最大值。

算法流程图：主函数流程图如图7.1(a)所示，max 函数流程图如图7.1(b)所示。

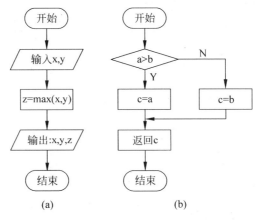

(a)　　　　　　　　　　(b)

图　7.1

程序：

```c
#include<stdio.h>
int main( )
{   int max(int a,int b);              /*函数声明语句*/
    int x,y,z;
    printf("input x and y: ");
    scanf("%d%d",&x,&y);
    z = max(x,y);                      /*7行*/
    printf("max of %d and %d is %d\n",x,y,z);
    return 0;
```

```
        }
    int max(int a, int b)                    /* 11 行 */
    {   int c;
        if(a > b) c = a;
        else c = b;
        return(c);
    }                                        /* 16 行 */
```

程序运行结果如下：

```
input x and y: 3 15 ↵
max of 3 and 15 is 15
```

程序中第 11~16 行定义函数 max，第 11 行中定义函数名 max，以及两个形参变量 a 和 b，同时分别说明形参 a 和 b 为 int 型；程序中第 7 行是一个函数调用语句，此时 max 后面括号中的 x,y 为实参，将实参 x 和 y 的数值分别传递给形参 a 和 b，在函数 max 中求得最大值后，由函数 max 中的 return 语句将其返回到 main 函数中，赋值给变量 z，最后在主函数中输出 z。

C 语言规定，实参变量向形参变量传递数据是"值传递"，就是只能由实参传给形参，而不能由形参传给实参，即单向传递。在内存中，实参单元与形参单元是不同的单元。

3. 函数返回值

有两种方法可以终止函数的运行，并返回到调用它的函数。第一种方法是执行到函数的最后一条语句，即遇到函数的结束符号"}"后立刻返回。

例如：下面是一个显示字符串"hello"的函数。

```
void hello(void)
 { printf("hello!\n");
    }
```

当输出字符串后，函数中便没有其他语句可执行，就返回到调用点。

第二种方法是使用 return 语句。return 语句有两个重要用途：一是可以立即从所在函数中退出；二是可以返回一个值。如果需要从被调用函数返回一个函数值给调用函数，被调用函数中必须包含 return 语句，同时在 return 语句后面加上要返回的值。

例如：例 7.2 中的 max 函数。

```
int max(int a, int b)
  { int c;
    if(a > b) c = a;
    else c = b;
    return(c);
    }
```

其中 return 语句的后面也可以没有括号，即"return c；"与"return(c)；"等价。

一个函数中可以有多个 return 语句，执行到哪一个 return 语句，哪一个就起作用。例如：上例函数可改写如下。

```
int   max(int a, int b)
 { if(a > b) return(a);
```

```
else  return(b);
    }
```

return 语句中返回值的类型必须与定义函数的类型说明一致。如果不一致，则以函数类型为准，将返回值的类型转换为函数类型。

7.1.3 函数调用

1．函数调用的一般形式

函数调用的一般形式为：

函数名(实参表列);

函数定义仅仅是定义函数的性质和执行过程，函数只有在被调用时才能执行。如果调用的是无参函数，则实参可以没有，但括号不能省略；如果对应形参的实参有多个，各实参之间应该用逗号隔开，并确保实参与形参按顺序相对应，个数相等，类型一致。

2．函数的作用域规则

C 语言规定：只能调用函数，不能调用函数中的语句；除非使用全局变量或数据，组成函数的语句与程序的其余部分是相互独立的，即在一个函数内定义的语句和变量，与另一个函数内的语句和变量的作用域不同，它们之间不相互影响。

3．函数声明

在 C 语言程序中，如果函数调用的位置在定义函数之前，则应在函数调用之前对所调用的函数进行声明。这种声明的一般形式为：

类型标识符 函数名(类型 1 形参 1,类型 2 形参 2,…);

如果所调用的函数是整型的，也可以不进行函数声明。但是，为了保证程序的正确性，要求对调用函数进行原型声明。

注意：函数声明与函数定义是两个不同的概念。函数定义是对函数功能的确定，其中包括指定函数名，函数值类型，形参及其类型，函数体等，它是一个完整且独立的函数单元。而函数声明是一条语句，其后有分号，它对已定义函数的返回值类型进行说明，说明时没有函数体，其目的是通知编译系统：在本函数中将要调用的某个函数的返回值是什么类型，以便编译时产生正确的函数调用代码。

7.2 函数的嵌套调用与递归调用

7.2.1 函数的嵌套调用

C 语言的函数之间是相互平行，相互独立的，不允许嵌套定义函数，即定义函数时，一个函数内不能包含另一个函数的定义。但是，C 语言允许嵌套调用函数，也就是说，在调用一个函数的过程中,这个函数又调用了另一个函数。

【例 7.3】 函数嵌套调用示例。

```
# include < stdio. h>
int main( )
  {  void printmessage( );
     printmessage( );                /* 函数调用 */
     return 0;
        }

void printmessage( )
  { void printstar( );
    printstar( );                    /* 函数调用 */
    printf(" *        hello!       * \n");
    printstar( );                    /* 函数调用 */
      }
void printstar( )
  {  printf(" * * * * * * * * * *\n");
      }
```

程序运行结果如下:

```
* * * * * * * * * *
*   hello!    *
* * * * * * * * * *
```

此程序中 printmessage 函数和 printstar 函数是分别定义的,彼此独立,互不从属。但在 main 函数中调用了 printmessage 函数,而在 printmessage 函数中又调用了函数 printstar,这样就构成了一个二重的嵌套调用。C 语言允许多重的函数嵌套调用。

7.2.2 函数的递归调用

C 语言的特点之一是其函数可以递归调用。所谓递归调用,是指在调用一个函数的过程中又直接或间接地调用函数本身。采用函数的递归调用,可以使程序结构清晰、自然,代码紧凑,但效率较低。

```
例如: int f(int x)
        { int y,z;
           ⋮
          z = f(y);              /* 调用自身 */
           ⋮
          return(z);
            }
```

在调用函数 f 的过程中,又要调用函数 f 自身,这时称为直接递归调用。下面是间接递归调用:

```
int  f1(int x)            int f2(int a)
  { int  y,z;               {int b,c;
    ⋮                        ⋮
    z = f2(y);  /* 调用 f2 */   c = f1(b);    /* 调用 f1 */
    ⋮                        ⋮
```

```
        return(z)                           return(c)
          }                                   }
```

在调用 f1 函数的过程中调用函数 f2，而在调用函数 f2 的过程中又调用函数 f1，这时称为间接递归调用。

显然，以上两种递归调用方式都可能产生无终止的自身调用，而程序中不应出现这种无终止的递归，因此，在递归调用的函数中都应有条件判断语句来决定是否继续执行递归调用。

关于递归的概念，初学者感到不好理解，其实在数学和计算机科学中，递归的概念是很多的。例如：

设 f(n)＝n！　　则有如下公式：

$$f(n) = \begin{cases} 1 & \text{当 } n = 0 \text{ 或 } 1 \text{ 时} \\ \\ n * f(n-1) & \text{当 } n > 1 \text{ 时} \end{cases}$$

从上式可以看出，当 n＞1 时，求 f(n) 的公式是相同的，即有 f(n)＝n * f(n－1)。因此可以用递归函数来表示上述关系，以求 f(5) 为例，其求解过程可用图 7.2 表示。

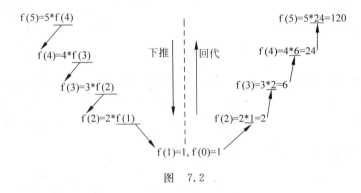

图　7.2

从图 7.2 可以看出，递归问题的求解可以分成两个阶段：第一个阶段是"下推"，即将 f(n) 用 n * f(n－1) 表示，若 f(n－1) 仍不知道，还要下推到 f(n－1)＝(n－1) * f(n－2)，直到 f(1)＝1，f(0)＝1 时，其值已知，不必再"下推"了；然后，开始第二个阶段"回代"，将 f(1)＝1 代入 f(2)＝2 * f(1) 求得 f(2) 的值，再将 f(2) 的值代入 f(3)＝3 * f(2) 求得 f(3) 的值，直至求出 f(n) 的值为止。

通过以上分析，可以很容易地写出求 n！的程序。

【例 7.4】　用递归函数编写程序，计算 f(n)＝n！的值。

问题分析：本问题总的要求是：首先，在主函数中输入一个整数；其次，以输入的整数为实参，调用求阶乘的函数，并把求得的阶乘值返回给主函数；最后，在主函数中输出求得的阶乘值。本问题对函数的要求是：首先，接收从主函数中传入的一个整数；其次，求得这个整数的阶乘值；最后，将求得的阶乘值返回给主函数。

数据结构：在主函数中，定义 n 为整型变量，存储输入的整数，定义 f 为浮点型变量，存储求得的阶乘值；在求阶乘函数（fac）中，定义 n 为形式参数，类型为整型，存储从主函数中传入的整数值,定义 f 为浮点型变量,存储求得的阶乘值。

算法流程图：主函数流程图如图 7.3(a)所示,fac 函数流程图如图 7.3(b)所示。

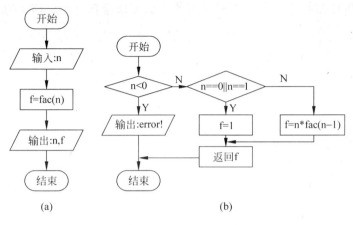

图 7.3

程序：

```c
# include < stdio.h >
# include < stdlib.h >
int main( )
{ float fac(int n);
  int n;
  float f;
  printf("n = ");
  scanf("%d", &n);
  f = fac(n);
  printf("%d! = %f\n",n,f);
  return 0;
    }
float fac(int n)
{ float f;
  if(n < 0)
  { printf("error !");
    exit(0);
    }
  else if(n == 0 || n == 1) f = 1;
  else f = n * fac(n - 1);
  return(f);
    }
```

程序运行结果如下：

```
n = 5 ↵
5! = 120.000000
```

【例 7.5】 编写程序解决 hanoi(汉诺)塔问题。

问题分析：这是一个典型的只有用递归才能解决的问题。

（1）问题要求。有 3 根针 a，b，c。a 针上有 64 个大小不等的盘子，大的在下，小的在上，如图 7.4 所示。要把这 64 个盘子从 a 针借助 b 针移到 c 针上，在移动的过程中每次只允许移动一个盘子，并且必须保持大盘在下，小盘在上。要求编程打印出移动的步骤。

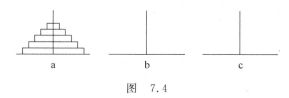

图　7.4

（2）问题分析。

将 n 个盘子从 a 针借助于 b 针移到 c 针可以分解为以下 3 个步骤：

a. 将 a 针上的 n−1 个盘子借助于 c 针，先移动到 b 针上；

b. 把 a 针剩下的一个盘子移到 c 针上；

c. 将 b 针上的 n−1 个盘子借助于 a 针移动到 c 针上。

例如，要想将 a 针上的 3 个盘子借助于 b 针移动到 c 针上，可以分解为以下 3 步：

a. 将 a 针上的两个盘子借助 c 针移动 b 针上；

b. 将 a 针上的一个盘子移到 c 针上；

c. 将 b 针上的两个盘子借助于 a 针移到 c 针上。

其中第 b 步可以直接实现。第 a 步可用递归的方法继续分解为：

a1. 将 a 针上的一个盘子移到 c 针；

a2. 将 a 针上的一个盘子移到 b 针；

a3. 将 c 针上的一个盘子移到 b 针。

同样，第 c 步也可以分解为：

c1. 将 b 针上的一个盘子移到 a 针；

c2. 将 b 针上的一个盘子移到 c 针；

c3. 将 a 针上的一个盘子移到 c 针。

将以上步骤综合起来，可得到 3 个盘子的移动步骤为：

a−>c，a−>b，c−>b，a−>c，b−>a，b−>c，a−>c

上面第 a 步和第 c 步都是把 n−1 个盘子从一个针移到另一个针上，移动步骤是相同的，只是针的名字不同，可用一般形式表示为：

将"one"针上的 n−1 个盘子移到"two"针上，借助于"three"针。只是在第 a 步和第 c 步中，"one"，"two"，"three"与 a，b，c 的对应关系不同。第 a 步对应关系为：one--a，two--b，three--c，第 c 步对应关系为：one--b，two--c，three--a。

因此，可将上述 3 个步骤分成两类操作。

① 将 n−1(n＞1)个盘子从一个针借助第 3 个针移到另一个针上，这是一个递归过程，用函数 hanoi 实现；

② 将一个盘子从一个针移到另一个针上，用函数 move 实现。

数据结构：在主函数中，定义 n 为整型变量，存储输入的盘子数，分别用'a'、'b'、'c'3 个字符常量代表 3 个针；在函数 hanoi 中，定义 n 为形式参数，类型为整型，存储从主函数中传入的盘子数值,定义 one、two、three 为字符型变量,存储从主函数中传入的针的代号;在函数 move 中,定义 get、put 为形式参数,类型为字符型,存储从 hanoi 函数中传入的针的代号。

算法流程图:主函数操作比较简单,只完成盘子数的输入和调用 hanoi。hanoi 函数实现第①类操作,hanoi(n,one,two,three)表示:将 n 个盘子从"one"针借助于"two"针移到 "three"针,即实现操作步骤 a、b、c。具体操作为:如果盘子数 n 等于 1,则调用 move 函数将 one 针上的盘子移动到 three 针上;否则,先将 n−1 个盘子,从 one 针上借助 three 针移动到 two 针上,再将剩余的一个盘子从 one 针移动到 three 针上,最后将 n−1 个盘子从 two 针上借助 one 针移动到 three 针上。用 move 函数实现第②类操作,move(get,put)表示:将一个盘子从"get"针移到"put"针,由于题目要求输出移动步骤,所以,在 move 函数中输出 "get−>put"即可,其中 get 和 put 代表 a、b、c 针之一,根据每次不同情况分别取 a,b,c 代入。主函数算法流程图如图 7.5(a)所示,hanoi 函数算法流程图如图 7.5(b)所示,move 函数算法流程图如图 7.5(c)所示。

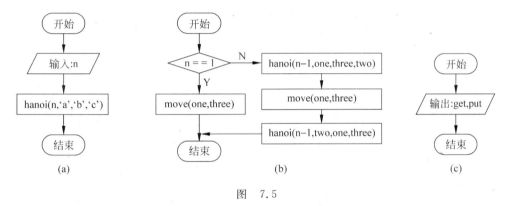

图 7.5

程序:

```
# include < stdio.h>
int main( )
{ void hanoi( int n, char one, char two, char three);
  void move (char get, char put);
  int n;
  printf("input the number of diskes:");
  scanf("% d", &n);
  printf("the step of moving % d diskes: \n",n);
  hanoi(n, 'a','b','c');
  return 0;
     }
void hanoi(int n, char one, char two, char three)
 { if( n == 1) move(one,three);
    else
    { hanoi(n−1,one,three,two);
      move(one,three);
      hanoi(n−1,two,one,three);
        }
          }
void move(char get,char put)
```

```
    { printf(" % c→ % c\n",get,put);
        }
```

程序运行结果如下：

input the number of diskes : 3 ↵
the step of moving 3 diskes:
a → c
a → b
c → b
a → c
b → a
b → c
a → c

设计递归函数一般应遵循以下两条原则。

（1）递归函数每次调用自己都要设法使问题越来越小或越来越接近题解；

（2）递归函数中必须要有条件能结束递归过程。

7.3 数组与函数

为了将数组中的数据传送给函数，可以用数组元素或数组名作函数的实参。

7.3.1 数组元素作函数的实参

数组元素可以作函数的实参。数组元素作函数的实参与变量作实参一样，也是单向的值传送方式。

【例 7.6】 重用例 7.2 中 max 函数的代码，找出数组 a[10]＝{23,91,2,34,5,1,6,43,65,21}中数值最大的元素。

问题分析：按照题目要求，在找数组 a[10]中的最大值时，要调用例 7.2 中 max 函数。max 函数的功能是：传入两个整型数，将其中的最大值返回。要根据 max 函数的功能设计主函数。

数据结构：在主函数中，定义整型数组 a[10]并用给定数据初始化；定义整型变量 i、temp，分别用作循环变量和存储临时最大值。

算法流程图：采用打擂的方式求取数组 a[10]的最大值，即先将 a[0]存于 temp 中作为临时的最大值，然后，依次将 a[1]、a[2]、…、a[9]等 9 个数据与 temp 进行比较，如果后者大于前者，就用后者代替前者，否则不替换，这样，比较结束后 temp 中存储的就是 a 数组中的最大值，比较替换操作调用 max 函数实现。主函数中只需采用循环实现依次比较并输出最大值即可。主函数算法流程图如图 7.6 所示。

程序：

```
# include < stdio.h >
```

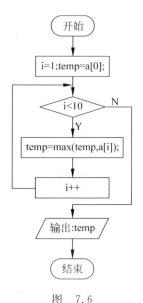

图   7.6

```
int main( )
 { int max( int a,  int b);
   int a[10] = {23,91,2,34,5,1,6,43,65,21};
   int i,temp;
   temp = a[0];
   for( i = 1; i < 10; i ++ )
      temp = max(temp,a[i]);
   printf("max = % d\n",temp);
   return 0;
   }
int max( int a,int b)
{ int c;
  if(a > b) c = a;
  else c = b;
  return(c);
      }
```

程序运行结果如下：

```
max = 91
```

此程序在 for 循环体中调用函数 max 时，将 temp 的值传送给形参 a，将数组元素 a[i] 的值传送给形参 b，然后由函数 max 返回两者中的较大值并赋给 temp。再进行下一轮比较，直到完成，求出数组的最大值并输出。

7.3.2　数组名作函数的实参

【例 7.7】　用数组名作参数，求数组 a[5] 的平均值。

问题分析：略。

数据结构：略。

算法流程图：略。

程序：

```
# include < stdio. h >
int main( )
 { float aver,a[5];
   float average(float b[5]);          / * 函数说明 * /
   int i;
   for( i = 0; i < 5; i ++ )
     {
     printf("a[ % d] = ",i);
     scanf(" % f",&a[i]);
       }
   aver = average(a);                  / * 用数组名作函数实参 * /
   printf("average = % f\n",aver);
   return 0;
      }
float average(float b[5])
 { int i;
```

```
float sum = 0 , aver;
for(i = 0; i < 5; i ++ )
    sum + = b[i];
aver = sum/5;
return (aver);
  }
```

程序运行结果如下：

```
a[0] = 1.0 ↵
a[1] = 2.0 ↵
a[2] = 3.0 ↵
a[3] = 4.0 ↵
a[4] = 5.0 ↵
average = 3.000000
```

用数组名作函数实参的 3 点说明：

（1）实参组和形参数组应分别在主调函数和被调函数中定义。

（2）要确保形参组和实参数组的类型与长度相同，如果不同，将出现错误。

（3）实参和形参的值传送与变量作函数参数的"单向值传送"不同。由于数组名是代表数组首地址的地址常量，因此，用数组名作函数实参是将实参数组的首地址传送给形参数组，这样形参数组就与实参共用同一地址开始的一段内存单元，这种传送方式称为"地址传送"。在地址传送方式中，如果形参数组中元素的值发生变化，实参数组中相应元素的值也同时发生变化，这一点与变量作函数参数的"单向值传送"不同。在程序设计中经常利用"地址传送"方式，实现从函数中返回多个数值或改变实参数组元素值的操作。

【例 7.8】 用函数实现对数组 a[10]={23,53,−2,72,12,−78,90,34,65,−10}由小到大排序。

问题分析：该问题总的要求是：首先，在主函数中定义 a 数组并对其初始化；其次，调用排序函数对 a 数组排序，由于需要把 a 数组的全部元素传递给排序函数，需要用数组名作调用函数的实参之一，另外还需要把 a 数组的长度传递给排序函数；最后，在主函数中输出已经排序的 a 数组。该问题对排序函数的要求是：首先，接受调用函数传给的 a 数组的全部元素；其次，对传入的数组元素从小到大排序；最后，返回主函数。

数据结构：在主函数中定义整型数组 a[10]和整型变量 i，分别用于存储数组元素和循环变量值；在排序函数中，定义整型形参数组 b[10]，存储由主函数传递给的 a 数组，定义整型形参 n，存储 a 数组的长度，定义整型局部变量 i、j、temp，用于循环和临时存储。

算法流程图：主函数的算法流程图如图 7.7(a)所示。在排序函数中，采用依次求最小值的方法对 b 数组排序，即首先将 b[1]、b[2]、…、b[9]依次与 b[0]比较，如果小于 b[0]，就相互交换元素值，否则不交换，这样比较完成后 b 数组中的最小值就存放在 b[0]中；然后将 b[2]、b[3]、…、b[9]依次与 b[1]比较，如果小于 b[1]，就相互交换元素值，否则不交换，这样比较完成后 b 数组中的次小值就存放在 b[1]中；如此比较，直至 b[8]与 b[9]比较完成后，b 数组中存放的就是从小到大排序过的 10 个元素。这种排序方法是一个两层循环嵌套过程，如图 7.7(b)所示。

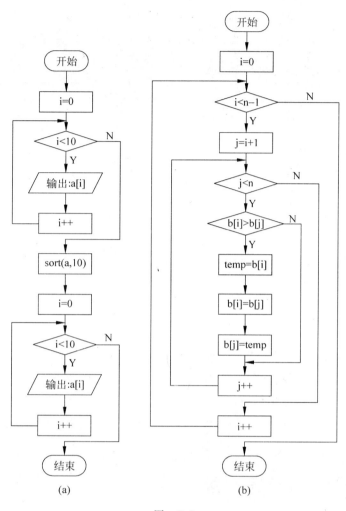

图 7.7

程序：

```
#include<stdio.h>
int main( )
{ void sort(int b[10],int n);
  int a[10] = {23,53, -2,72,12, -78,90,34,65, -10};
  int i;
  printf("\n array a:\n");
  for(i = 0; i<10; i++ )
    printf("a[ %d]",i);
  printf("\n");
  for(i = 0; i<10; i++ )
    printf(" %4d",a[i]);
  sort(a,10);
  printf("\n the sorted array a:\n");
  for(i = 0; i<10; i++ )
    printf("a[ %d]",i);
```

```
        printf("\n");
        for(i = 0; i < 10; i ++)
          printf(" % 4d",a[i]);
        return 0;
            }
    void sort(int b[10], int n)
     { int i,j,temp;
       for(i = 0; i < n - 1; i ++)
          for(j = i + 1; j < n; j ++)
            if(b[i]> b[j])
              { temp = b[i];
                b[i] = b[j];
                b[j] = temp;
                    }
          }
```

程序运行结果如下：

```
array a:
a[0] a[1] a[2] a[3] a[4] a[5] a[6] a[7] a[8] a[9]
  23   53   -2   72   12  -78   90   34   65  -10
the sorted array a:
a[0] a[1] a[2] a[3] a[4] a[5] a[6] a[7] a[8] a[9]
 -78  -10  -2   12   23   34   53   65   72   90
```

从以上运行结果可以看出,执行语句"sort(a,10);"之前,数组 a 中的数值是无序的,执行"sort(a,10);"后,数组 a 中的数值就从小到大排序了。这是因为形参数组 b 与实参数组 a 共用同一段内存单元,在函数 sort 中采用直接排序方法,对形参数组 b 进行排序后,也使实参数组随之改变。

7.4 局部变量与全局变量

7.4.1 局部变量

C 语言规定,在函数内部定义的变量为局部变量,局部变量只在定义它的函数内有效,即只能在定义它的函数中使用它,而不能被其他函数使用。局部变量（非静态）只有当函数调用时才被分配相应的存储单元,函数调用结束后,局部变量也自动撤销,并释放存储单元。例如：

```
    int main( )          / * 主函数 * /
     { int functionl(int x, int y);
       float function2(float a);       ⎫
                                       ⎬  a,b 有效范围
       int a,b;                        ⎭
         ⋮
         }
    int functionl(int x, int y)        ⎫  / * 函数 functionl * /
                                       ⎬   x,y,z 有效范围
     { int z;                          ⎭
         ⋮
         }
```

```
float function2(float a)
  { float c;
    ⋮
    }
```

/* 函数 function2 */
a,c 有效范围

说明：

（1）由于 C 函数的平行性，在主函数 main 中定义的两个整型变量 a 和 b 也是局部变量，只在主函数中有效，同样，主函数也不能使用其他函数中定义的变量。

（2）形式参数也属于局部变量。例如函数 function1 中的形参 x 和 y，只有在函数 function1 中有效，函数 function2 中的形参 a 也只在函数 function2 中有效，其他函数不能使用。

（3）不同函数中可以定义相同名字的变量，但它们分属于不同的函数，代表不同的对象，占用不同的存储单元，互不干扰。如在主函数 main 中定义了 int 型变量 a，而在函数 function2 中使用了 float 型形参变量 a，但它们分属于不同的函数，占用不同的存储单元，不会混淆。

（4）在一个函数内部，局部变量也可以在复合语句中定义和使用，这样的局部变量只在定义它们的复合语句中有效。当程序执行到该复合语句时，才对它们分配存储单元，离开该复合语句时，占用的存储单元被释放。这种复合语句也被称为"分程序"。例如：

```
int main( )
{ int a,b;
  ⋮
  if (a > b)
  { int c;
    c = a;            c 有效范围      a,b 有效范围
    a = b;
    b = c;
    }
  ⋮
  }
```

局部变量 c 只在复合语句中有效，离开该复合语句时，c 所占用的存储单元被释放，而 a、b 则在整个 main 函数内有效，使用这种局部变量的优点是只在需要时才给它分配内存单元。

7.4.2　全局变量

在函数内定义的变量是局部变量，仅在定义它们的函数内有效，而在所有函数之外定义的变量被称为全局变量。全局变量可以被所在源程序文件中的其他函数共用，它们的有效范围为：从定义该全局变量的位置开始到所在源程序文件结束。如图 7.8 所示，在程序中 m,n,c1,c2,y 均为全局变量，由于它们定义的位置不同，它们的有效范围也不同。

在一个函数中既可以使用本函数定义的局部变量，又可以使用有效的全局变量。如图 7.8 主函数 main 中可以使用全局变量 m、n 和局部变量 a、b；函数 f1 中可以使用全局变量 m、n、c1、c2 和局部变量 x,i,j；函数 f2 中可以使用全局变量 m、n、c1、c2、y 和局部变量 a、k。

说明：

（1）在定义全局变量时，若未赋初值则由系统自动赋初值 0，该全局变量的有效范围从定义该变量的位置开始直到源文件结束。

```
int m,n;          /* 全局变量 */
int main( )       /* 主函数 */
 { float a,b;
      ⋮
      }
char c1,c2;       /* 全局变量 */
int f1(int x)     /* 函数 f1 */
 { int i,j;
      ⋮
      }
float y;          /* 全局变量 */
float f2(float a) /* 函数 f2 */
 { float k;
      ⋮
      }
```

全局变量 y 的有效范围

全局变量 c1、c2 的有效范围

全局变量 m、n 的有效范围

图　7.8

【例 7.9】　全局变量初值及作用范围示例。

```
#include<stdio.h>
int count;                    /* 定义全局变量 count */
int main( )                   /* 主函数 */
 {   void f1( );
     void f2( );
     printf("\nprimary count = %d\n",count);
     count = 100;
     printf("in function main count = %d\n",count);
     f1( );
     f2( );
     return 0;
     }
void f1( )                    /* 函数 f1 */
 { printf("in function f1 count = %d\n",count);
     }
void f2( )                    /* 函数 f2 */
 { printf("in function f2 count = %d\n",count);
     }
```

程序运行结果如下：

```
primary count = 0
in function main count = 100
in function f1 count = 100
in function f2 count = 100
```

在本程序中定义了全局变量 count，但并未赋初值，这时其初值由系统自动赋为 0，当在主函数 main 中对 count 赋值 100 之后，函数 f1 和 f2 中均可使用 count，且 count 值为 100。

由此可知,全局变量可以增加各函数之间的联系,如果在一个函数中改变了全局变量的值,就可以影响其他的函数,相当于各函数之间的直接传递通道。由于函数的调用只能带回一个返回值,因此,有时可以利用全局变量增加函数间的联系途径,从函数中得到一个以上的返回值。

【例 7.10】 应用全局变量,用函数统计长度为 10 的一维数组中大于零、等于零和小于零的数组元素的个数。

问题分析:略。

数据结构:略。

算法流程图:略。

程序:

```
# include < stdio. h>
int a,b,c;
int main(  )
 { void count(int array[ ],int n);          / * 函数说明 * /
   int i;
   int array[10];
   printf("please input 10 integers: \n");
   for (i = 0; i < 10; i ++ )
     scanf(" % d",&array[i]);
   count(array,10);
   printf(" % d numbers > 0 \n", a);
   printf(" % d numbers = 0 \n", b);
   printf(" % d numbers < 0 \n", c);
   return 0;
     }
void count(int array[ ], int n)
 { int i;
   for(i = 0; i < n; i ++ )
      if (array[i]> 0) a ++ ;
      else if(array[i] == 0)   b ++ ;
      else   c ++ ;
   }
```

程序运行结果如下:

```
please input 10 integers:
12  53  0  - 32  64  0  46  - 97  - 1  84 ↵
5 numbers > 0
2 numbers = 0
3 numbers < 0
```

函数 count 中的一些变量与外界存在一些联系,如图 7.9 所示。

函数 count 中数组 array 的首地址及数组元素的个数 n 均由主函数 main 提供。而变量 a、b、c 为全局变量,它们的值既可以传入函数内,也可以从函数中传出去。在本例中,函数 count 没有 return 语句,返回值由全局变量 a、b、c 传回到主函数 main 中。

与全局变量类似,也可以定义全局数组,其作用范围与全局变量的作用范围一致。

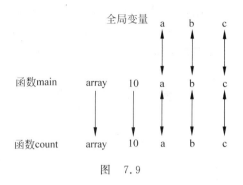

图　7.9

（2）使用全局变量会给程序带来以下一些缺点，建议尽量不使用全局变量。

① 使用全局变量会使函数的通用性降低。因为当函数使用全局变量时，如果将一个函数移到另一个文件中，就要将有关的全局变量及其值一起移过去，若该变量名与其他文件的全局变量同名，将出现冲突，从而降低程序的可靠性和通用性。在模块化程序设计中要求各模块具有较强的"内聚性"。一般要求把各个函数封装成一个独立的个体，只能通过"实参-形参"的渠道与外界发生联系，从而使程序的可移植性和可读性较强。

② 使用全局变量过多还会降低程序的清晰度。各函数在执行时都可能改变全局变量的值，很难判断全局变量的当前值，程序容易出错，也不便于调试。

③ 全局变量在程序的全部执行过程中一直占用内存单元，造成存储单元浪费，因此应限制使用全局变量。

（3）全局变量的有效范围是从定义点到文件结束。如果要在定义点之前的函数中使用该全局变量，则应该在使用它的函数中用关键字 extern 对该全局变量作外部说明。例如：

```
float area(float r)            /* 函数 area */
 { float s;
   extern  float  pi;          /* 全局变量的外部说明 */
   s = pi * r * r;
   return(s);
    }
float pi = 3.14;               /* 定义全局变量 pi */
```

如果为了使该全局变量可以被该源程序文件中的所有函数引用，则应该把该全局变量的定义放在引用它的所有函数之前，一般放在文件开头位置。

（4）如果在一个源程序文件中，全局变量与局部变量同名，则在局部变量的作用范围内全局变量不起作用。

【例 7.11】　全局变量与局部变量同名示例。

```
# include < stdio. h>
int x = 10, y = 15;      /* 定义全局变量 x, y */
int main( )
 { int x = 20;          /* x 为局部变量 */           局部变量 x 和全局变量 y 起作用
   printf("max = % d\n", max(x, y));
   return 0;
    }
```

```
int max( int x, int y)    /*局部变量 x, y*/
 { int z;
   z = x > y ? x: y;
   return(z);
   }
```

局部变量 x, y 起作用

程序运行结果如下：

```
max = 20
```

在程序第 2 行中定义全局变量 x 和 y，并赋以初值，由于在 main 函数中定义局部变量 x，也赋予初值，故在 main 函数中全局变量 x 不起作用，起作用的是局部变量 x 和全局变量 y。在调用 max(x,y)时相当于 max(20,15)，20 和 15 两个值分别传送给函数 max 中的两个局部变量 x 和 y，因此，程序运行结果为 20。

7.5 变量的存储类别

7.5.1 变量的存储属性

全局变量和局部变量是从变量的作用域划分的，即从空间角度划分的。如果从变量值存在的时间，即从生存期角度，可以将变量划分为静态存储变量和动态存储变量。

所谓静态存储方式是指在程序的全部运行期间为变量分配固定的存储空间，动态存储方式则是指在程序运行期间根据需要为变量动态地分配存储空间。

在内存中，用户可以使用的存储空间分为 3 部分，如图 7.10 所示。即：程序区、静态存储区和动态存储区。

数据分别被存放在静态存储区和动态存储区中。其中，全局变量和静态局部变量存放在静态存储区中，在程序开始执行时为它们分配存储区，程序执行完毕释放。在程序运行过程中它们始终占据固定的内存单元，而不是动态地分配和释放内存空间。

用户区

| 程序区 |
| 静态存储区 |
| 动态存储区 |

图　7.10

在动态存储区中存放以下各类数据。

（1）函数的形参变量，在调用函数时为形参变量分配存储空间。

（2）非静态局部变量（自动变量），在函数或复合语句中定义的局部变量是在调用函数或执行复合语句时才分配存储空间。

（3）函数调用时的现场保护和返回地址等。

上述 3 类数据只在函数或复合语句的执行期间存在，函数或复合语句执行结束，存储空间随即释放。如果在一个程序中两次调用同一函数，每次都需要重新分配存储单元，那么函数中变量占用的存储单元可能不同。

变量的存储属性是指数据在内存中存储的方法，存储方法可分为两大类：动态存储类和静态存储类。具体分为 4 种：自动型（auto）、静态型（static）、寄存器型（register）和外部型（extern），下面分别介绍。

7.5.2　自动变量

函数中的局部变量,除非被说明为静态的,否则都被动态分配存储空间,存储在动态存储区中,为它们分配和释放存储空间的工作由编译系统自动完成。因此,这些局部变量被称为自动变量(auto),自动变量用关键字 auto 作存储类型说明。

例如:

```
int f(int x)
 { auto int a,b;    /*定义 a,b 为自动变量*/
    ⋮
    }
```

函数中 x 是形参,a 与 b 是自动变量,在函数开始执行时为其分配存储单元,函数执行结束后自动释放占用的存储单元。

关键字 auto 通常省略不写,当存储类型关键字省略不写时,编译系统都默认为自动存储类型。即编译系统将在函数中定义的并且没有存储类别说明的变量都默认为自动变量。例如,在函数体中:

```
int a,b; 等价于   auto int a,b;
```

7.5.3　静态变量

静态变量(static)在其函数或文件中是永久变量,但它们不同于全局变量,因为它们在函数或文件以外是未知的,静态变量存储在静态数据区中。由于静态局部变量与静态全局变量有较大不同,下面分别介绍。

1. 静态局部变量

如果要求函数中局部变量的值在函数调用结束后不消失,仍就保留原值,即占用的存储单元不释放,这样在下一次调用该函数时,该变量已有值,其值就是上一次函数调用结束后的值。这时应该指定该局部变量为"静态局部变量",即用关键字 static 对该局部变量加以说明。

【例 7.12】　静态局部变量用法示例。

```
# include < stdio. h >
void f(void)
 { auto int a = 0;
   static int b = 5;
   printf("begin: a = % d,b = % d\n",a,b);
   a = a + 1;
   b = b + 1;
   printf("end:a = % d,b = % d\n",a,b);
   }
 int main( )
 { int i;
   for(i = 1; i < 4; i ++ )
     { printf("no. % d time: \n",i);
```

```
        f( );
        }
    return 0;
    }
```

程序运行结果如下：

```
no.1 time:
begin: a = 0, b = 5
end: a = 1, b = 6
no.2 time:
begin: a = 0, b = 6
end: a = 1 ,b = 7
no.3 time:
begin: a = 0, b = 7
end: a = 1, b = 8
```

第一次调用函数 f 时，a 的初值为 0,b 的初值为 5,第一次调用结束时 a＝1,b＝6。由于 b 是静态局部变量,在函数调用结束后,它所占用的存储单元并不释放,仍保留 b＝6,而 a 为自动变量,在函数调用结束后,其所占用的存储单元要释放,故其终值 1 并未保留下来。第二次调用函数 f 时,a 的初值为 0,而 b 的初值为 6(上次调用结束时的值),因此有上述运行结果。

【例 7.13】 用静态局部变量求 fibonacci 数列：1,1,2,3,5,8,…的前 20 个数。fibonacci 数列的通项公式为：

$$F_1 = 1 \qquad\qquad (n＝1)$$
$$F_2 = 1 \qquad\qquad (n＝2)$$
$$F_n = F_{n-1} + F_{n-2} \qquad (n \geqslant 3)$$

程序：

```
#include<stdio.h>
void  f(void)
 { static int f1 = 1, f2 = 1;
   printf(" %12d %12d", f1 , f2);
   f1 = f1 + f2;
   f2 = f2 + f1;
   }
int main( )
 { int i;
   for(i = 1; i <= 10; i++ )
    { f( );
      if(i % 2 == 0) printf("\n");          /* 每行输出 4 个值 */
         }
   return 0;
   }
```

程序运行结果如下：

```
    1              1            2            3
    5              8           13           21
   34             55           89          144
  233            377          610          987
 1597           2584         4181         6765
```

　　函数 f 被调用时，首先打印出两项数列值，其次，计算出下两项的数值，并将它们分别存储在静态局部变量 f1 和 f2 中，当再次调用函数 f 时，输出的数值是上一次调用后的留存值。

　　静态局部变量的说明。

　　（1）静态局部变量属于静态存储类型。静态局部变量存储在静态存储区，占用的存储单元在程序全部运行期间不释放，但是不能被其他函数使用。

　　（2）静态局部变量在编译时被赋初值，即只赋一次初值。当程序运行时静态局部变量已有初值，每次调用静态局部变量所在函数时不再对其重新赋以初值。这与自动变量不同，对自动变量赋初值是在函数调用时进行，每调用一次都重新分配存储单元并赋初值，相当于执行一条赋值语句。

　　（3）如果在定义静态局部变量时没有赋初值，编译程序自动对其赋初值，对数值型变量赋初值 0，对字符型变量赋初值为空字符。而在定义自动变量时，如果不赋初值，其值是不确定的。因为每次调用函数时，都要对自动变量重新分配存储单元，而所分配存储单元中的内容是不确定的。

　　注意：由于静态局部变量在函数执行完后仍保留其值，并不释放存储单元。因此静态局部变量要多占内存，并且，当多次调用函数时，容易不清楚静态局部变量的当前值，从而降低程序的可读性，也增加调试程序的难度。所以，如果不是必需，应尽量少用静态局部变量。

2. 静态全局变量

　　如果要求某些全局变量只能被所在文件中的函数引用，不能被其他文件中的函数引用，那么在定义这些全局变量时要在其前面加上一个 static 说明。例如：

file1.c 内容如下：

```
static int a;
f(int n)
 {
   ⋮
   }
```

file2.c 内容如下：

```
extern int a;
main( )
 {
   ⋮
   }
```

　　在文件 file1.c 中定义一个全局变量 a，并加以 static 说明，这样该全局变量就只能在 file1.c 中使用，即使在文件 file2.c 中对变量 a 使用 extern 说明（稍后介绍），也不能使用。

　　需要指出，上例是指将文件 file1.c 和 file2.c 作为两个独立编译单位时，在 file2.c 中不能引用 file1.c 中的静态全局变量 a，但若文件 file2.c 内容如下：

```
# include "file1.c"
main( )
 {
   ⋮
   }
```

　　这时若将 file2.c 作为编译单位，在主函数 main 中就可以使用全局变量 a，这是因为“♯include "file1.c"”语句将文件 file1.c 中的内容包含到 file2.c 中，这样，在编译时全局变量 a 的定义与主函数在同一个文件 file2.c 中，故在 main 中可以使用 a。

　　注意：用关键字 static 说明局部变量和全局变量的作用不同。对于局部变量，用 static

说明后,它们从动态存储区转移到静态存储区存放,在程序执行过程中始终占据存储单元,相当于延长了局部变量的生存期;对于全局变量,无论是否用 static 说明,它们都存储在静态存储区中,只是作用范围不同,不加 static 说明的全局变量,其他文件用 extern 说明它后就可以引用,而加 static 说明的全局变量,则只能在其所属文件中使用。

7.5.4 寄存器变量

为提高程序的执行效率,C 语言允许将局部变量的值存储在 CPU 的通用寄存器中,这种变量被称为寄存器变量(register),寄存器变量用关键字 register 说明。由于这种变量存储在 CPU 中,不需要像内存变量那样通过内存访问存取其值,因此,寄存器变量的操作速度很快,特别适用于循环控制。

例如:在函数体中说明寄存器变量 a 和 b。

```
register int a,b;
```

函数在运行时尽可能将 a,b 值存储在 CPU 的寄存器中。

寄存器变量的说明。

(1) 只可以说明局部自动变量和形式参数为寄存器变量。

(2) 一个计算机系统中寄存器数目是有限的,不同系统对 register 变量的处理也各不相同。有的系统只允许使用几个寄存器变量;有的系统把 register 变量当作自动变量处理,为其分配存储单元,并不把它们真正存储在寄存器中,因此,程序虽然合法,但并不能提高执行速度。多数系统只允许将 int、char 和指针型变量定义为寄存器变量。

7.5.5 外部变量

一个 C 程序可以由若干个源程序文件组成。如果在一个源程序文件中所定义的全局变量未用关键字 static 加以静态说明,则该全局变量可以被其他文件中的函数引用;如果在一个文件中要引用另一个文件中定义的全局变量,应该在需要引用他的文件中,用 extern 说明该变量,这样就可以在该文件的函数中使用其他文件中定义的变量。

本来全局变量的作用域是从它的定义点到文件结束,但是,用 extern 说明可将其作用域扩大到有 extern 说明的其他文件。在执行一个文件中的函数时,可能改变全局变量的值,这样会影响到其他文件函数的执行结果,因此,使用这样的全局变量时应格外慎重。

7.5.6 存储类型小结

对一个变量的定义,需要指定两种属性,即存储类型和数据类型,分别用两个关键字说明,通常的形式为:

存储类型　数据类型　变量名;

例如:

```
static  int  x;          /*静态整型变量,局部或全局*/
auto  char y;            /*自动字符型变量,函数内定义*/
register  int s;          /*寄存器变量,在函数内定义*/
```

此外，在对变量做说明时，可以用 extern 说明某变量为已定义的外部变量，例如：

extern　int　b,c;　/＊说明 b,c 为已定义的外部变量＊/

下面从不同角度进行归纳。

（1）从作用域角度区别，有局部变量和全局变量，它们可采取的存储类别如下。

局部变量
- 自动变量：离开定义它们的函数后就消失
- 静态局部变量：离开函数后值仍保留，但只有本函数才能使用
- 寄存器变量：离开定义它们的函数后值就消失（函数的形式参数可以定义为自动变量或寄存器变量）

全局变量
- 静态全局变量：只限于所在文件使用
- 非静态全局变量：允许在其他文件中用 extern 引用

（2）从变量存在时间来区分，有静态存储和动态存储两种类型，静态存储类型变量在程序整个运行期间都存在，而动态存储类型变量则在执行函数调用或复合语句时临时分配存储单元，函数或复合语句运行结束变量即消失。

动态存储
- 自动变量：在所属函数或定义它的复合语句中有效
- 形式参数：在所属函数内有效
- 寄存器变量：在所属函数或定义它的复合语句中有效

静态存储
- 静态局部变量：在所属函数内有效
- 静态全局变量：在所属文件内有效
- 非静态全局变量：在所属文件和加 extern 说明的其他文件中都有效

（3）从存储变量的位置可分为以下 4 种。

内存静态存储区
- 静态局部变量：只在所属函数内有效
- 全局变量：在所属文件和其他文件都可使用
- 静态全局变量：在所属文件中有效

内存动态存储区
- 自动局部变量：在定义它的函数或复合语句中有效
- 形式参数：在所属函数内有效

CPU 寄存器
- 寄存器局部变量：在定义它的函数或复合语句中有效
- 寄存器形式参数：在所属函数中有效（只有 int 型，char 型和指针类型才能定义为寄存器变量）

（4）关键字 static 对局部变量和全局变量的作用是不同的。对于局部变量，它使变量由动态存储方式变为静态存储方式；而对于全局变量，它使变量局部化，即限于所属文件，但都是静态存储方式。从作用域角度来讲，凡有 static 说明的，其作用域都是局部的。对于静态局部变量，局限于所属函数，对于静态全局变量，则局限于所属文件内。

7.6　自定义函数与库函数

C 程序由一个或多个文件构成，而一个文件中又可以有一个或多个函数，从用户使用的角度来看，可以将函数分为自定义函数和库函数。以下分别介绍。

7.6.1 自定义函数

自定义函数是用户为满足自己需要而定义的函数。函数在本质上是全局的,因为函数可以被另外的函数调用,但是根据一个函数是否能被其他源文件中的函数调用,可以将函数分为内部函数与外部函数。

1. 内部函数

如果一个函数只能被所属文件中的其他函数调用,则称为内部函数。在定义内部函数时,应在函数名和函数类型前加 static 说明。一般形式为:

static　类型标识符　函数名(形参表)

例如:

```
static   int f( int a, int b)
   {
       ⋮
         }
```

内部函数又称为静态函数。静态函数能够使自身局限于所在文件,即使在其他文件中有同名的内部函数,它们也不会互相干扰。这样,大家可以分别编写不同的函数,不必担心所用的函数名是否会与其他文件中的函数同名。通常把属于同一文件的函数和全局变量放在一个文件中,并冠以 static 使之局部化,以使其他文件不能使用。

2. 外部函数

在定义函数时,如果冠以关键字 extern,则表示此函数是外部函数,例如:

```
extern int f( int a, int b)
  {
       ⋮
      }
```

说明函数 f 可以被其他文件中的函数调用,如果在定义时省略 extern,则隐含为外部函数,前面所用的函数都是外部函数。

当需要调用一个在其他文件中定义的函数时,一般要用 extern 说明所调用的函数是外部函数。目的是通知编译程序,所要调用的函数是在其他文件中定义的,以及函数类型是什么等。

7.6.2 库函数

C 语言语句比较简单,也比较少,为提高编程效率,每个 C 编译系统都根据一般用户的需要编制并提供给用户使用一组程序,这组程序统称为库函数。C 语言的库函数极大地方便了用户,同时也补充了 C 语言本身的不足。在编写 C 语言程序时,应当尽可能多地使用库函数,这样既可以提高程序的运行效率,又可以提高编程的质量。

使用库函数时,必须将调用有关函数需要用到的信息写在源程序文件的头部,此信息通常由 C 系统提供,写在相应的头文件中,这些写有库函数所需信息的文件被称为头文件,常以".h"作文件的扩展名。所以,在程序中使用库函数时,一般应在源程序文件的开头用"♯include"命令,将相应的头文件包含到源程序文件中。

不同 C 系统提供的库函数的数量、函数名以及函数的功能不完全相同,ANSI 根据流行的各种版本的 C 库函数,综合被广泛使用的库函数,提出了一个建议大家使用的库函数标准,许多 C 编译系统以 ANSI 建议的标准库函数为基础建立自己的库函数。但是,由于一些函数的实现与硬件有关,随不同的计算机系统而异。因此,在使用 C 语言库函数编程时必须查阅系统的库函数手册。

第 8 章

编译预处理与自定义类型

C 语言与其他高级语言的不同之处是其提供编译预处理命令,即在编译前先进行预处理,然后对预处理后的程序再编译。本章主要介绍编译预处理内容,以及用 typedef 定义新的类型名。

8.1 编译预处理

C 语言的预处理命令以♯开头,结尾没有分号。主要有以下 3 种。

(1) ♯define 指令定义有可选变元的宏;

(2) ♯include 指令将源代码从另一个文件中包含进来;

(3) ♯if、♯else、♯endif 等条件编译指令。

8.1.1 宏定义

1. 简单的宏定义

格式:♯define 宏名 宏体
     ┗→ 标识符 ┗→ 字符串

功能:用一个指定的标识符(宏名)代表一个字符串(宏体)。

用法:在程序设计中,用宏名代替宏体,即凡是用到宏体处都用宏名书写。编译预处理时,编译系统对宏名进行宏展开(宏替换),即用宏体替换宏名。

说明:

(1) 宏名与宏体间应用空格分隔;

(2) 宏名一般用大写字母,以便与变量相区别;

(3) 宏展开时不做语法检查,定义时要检查宏体(字符串)的正确性;

(4) 宏展开只对程序中的宏名展开,不含字符串中与宏名相同的部分;

(5) 宏定义时可以引用已定义过的宏名。

【例 8.1】 宏定义示例。

```
# include < stdio.h>
#define    HELLO    "book!\n"
int main( )
{  printf("HELLO");
```

```
        printf(HELLO);
        return 0;
    }
```

程序运行结果如下：

HELL0book!

在编译预处理时，第 1 个 printf 中的 HELLO 是字符串，所以不展开，而第 2 个 printf 中的 HELLO 是宏名，所以展开，即预处理程序不处理字符串中的宏名。

【例 8.2】 宏的层层定义。

```
# include < stdio.h >
# define  R   2.0
# define  PI   3.14
# define  S    PI * R * R
# define  L    2 * PI * R
int main( )
 { printf("L = % f\n",L);
   printf("S = % f\n",S);
   return 0;
   }
```

宏展开后的 main 函数为：

```
# include < stdio.h >
int main( )
 { printf("L = % f\n",2 * 3.14 * 2.0);
   printf("S = % f\n",3.14 * 2.0 * 2.0);
   return 0;
   }
```

这个程序实现求解半径为 2.0 圆的面积和周长，如果要求半径为 3.0 圆的面积和周长，就必须修改宏定义中 R 的定义。如果要求不改动宏定义而实现任意半径圆面积和周长的求解，可以采用带参数宏定义。

2. 带参数宏定义

格式：# define　宏名（变元表）　宏体
功能：将宏体中变元用实际参数替换后，再用替换后的宏体去替换程序中出现的宏名。

【例 8.3】 带参数宏定义示例。

```
# include < stdio.h >
# define  PI   3.14
# define  S(R)   PI * (R) * (R)
# define  L(R)   PI * (R) * 2
int main( )
 { printf("S = % f\n,L = % f",S(3),L(8));
   return 0;
   }
```

说明:

(1) 在编译预处理时,预处理程序扫描到 S(3)时,找到 # define 命令行中 S(R),用S(3) 中的实参 3 代替字符串 PI * (R) * (R)中的 R,得到 PI * (3) * (3),将 PI 展开后得到 3.14 * (3) * (3)的字符串,并用它替换 S(3)。

(2) 宏名与带参数的括号之间不能有空格,例如:

#define S (R) PI * (R) * (R)

这样,预处理程序会认为这是一个简单的宏定义,将(R)和 PI * (R) * (R)当做一个宏体。

(3) 带参数宏定义时,在宏体中的参数外围应加括号,避免得出错误结果。

3. 宏定义的取消

格式: # undef 宏名

功能: 取消宏名的定义,此后不再有效。

说明: 宏定义作用域从定义处开始到文件结束或到 # undef 定义取消处。

【例 8.4】 宏定义取消示例。

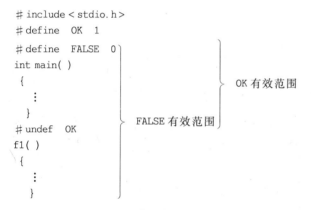

```
# include < stdio. h >
# define  OK  1
# define  FALSE  0
int main( )
 {
   ⋮
 }
# undef  OK
f1( )
 {
   ⋮
 }
```

OK 有效范围

FALSE 有效范围

例题中定义了两个宏 OK 和 FALSE,作用域分别为: OK 从定义处到 # undef 处, FALSE 从定义处到文件尾。

宏定义使程序更简洁易读,提高程序的可移植性。

8.1.2 文件包含

"文件包含"处理是在编译预处理时将一个文件的内容包含到当前文件中,C 语言中实现该功能的命令为文件包含命令。

格式: #include "文件名"

#include <文件名>

功能: 第 1 种格式,预处理程序检索源文件所在目录,寻找该包含文件名,如果没找到,则按系统指定的标准方式检索其他文件目录,直至找到为止,然后将找到的文件内容插入到该 # include 命令所在之处。第 2 种格式,不检查当前工作目录,直接按系统指定的标准方式检索文件目录,找到后将文件包含到源文件中。

说明:

（1）用♯include 包含的文件，如果属于用户定义的文件，一般用第 1 种格式；如果属于系统标准文件，则用第 2 种格式。

（2）一个♯include 命令只能包含一个文件，若要包含多个文件，则要用多个♯include 命令。

（3）♯include 命令中可以指定一个含有♯include 命令的文件，即允许嵌套，但不允许递归。

（4）♯include 命令一般置于文件开始处，一般用于包含扩展名为".h"的"头文件"。

C 语言函数库中的许多函数需要专用类型的数据和变量，这些专用数据和变量在编译程序提供的"头文件"中定义。使用这些函数时，必须将这些函数需要的头文件用"♯include"命令嵌入到程序文件中。

8.1.3　条件编译

一般情况下，除注释行外，源程序的所有行都被编译，但是，有时用户希望源程序的某些部分在满足一定条件时编译，这就是条件编译。条件编译指令的工作方式类似于条件语句，不同之处是判断编译某些程序代码。条件编译预处理命令格式如下。

第 1 种格式：

```
♯if　常量表达式
　　　程序段 1
[♯else
　　　程序段 2]
♯endif
```

功能：如果常量表达式的值为真（非零），则编译程序段 1；否则，编译程序段 2。方括号内为可选项，处理流程如图 8.1 所示，其中，图 8.1(a)为含 else 子句的处理流程，图 8.1(b)为不含 else 子句的处理流程。

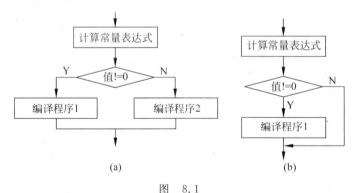

图　8.1

例如：

```
♯include < stdio.h >
♯define　Min　90
int main( )
 { ♯if　Min < 98
    printf("array length < 98\n");
   ♯endif
   return 0;
     }
```

注意：常量表达式的计算是在编译时完成的，所以，它只能由常量组成，不能出现变量。这段程序中 Min 是"#define"定义的宏，故预处理后常量表达式替换成"90<98"，其值为 1，这时，将编译 printf 输出语句，即对应程序执行时会有相应的结果输出。

第 2 种格式：

```
# ifdef    宏名
        程序段 1
[ # else
        程序段 2]
# endif
```

功能：如果已定义宏名，则编译程序段 1，否则编译程序段 2。方括号内#else 部分为可选项。

例如：
```
# define  OK  1
    # ifdef  OK
        # undef  Ok                /* 程序段 1 */
    # endif
```

这段程序已定义 OK，所以编译程序段 1。

第 3 种格式：

```
# ifndef   宏名
        程序段 1
[ # else
        程序段 2]
# endif
```

功能：如果没有定义宏名，则编译程序段 1，否则编译程序段 2。方括号内为可选项。

例如：
```
# ifndef  OK
    # define  OK  1               /* 程序段 1 */
    # endif
```

如果 OK 没有定义，则编译程序段 1，否则，不编译程序段 1。

条件编译主要用于程序的调试和移植。当编写较大程序时，编译调试不方便，可以考虑分块处理，利用条件编译指令选择要编译的程序段，小范围的调试会更容易些。

8.2 类型定义

在程序设计中，不仅可以使用 C 语言提供的基本数据类型和数组、结构体、枚举等构造类型，还可以使用"typedef"定义一个新的类型名代替已有的类型名。

8.2.1 类型定义的方法

例如：

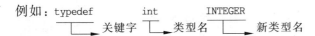

typedef 关键字　　int 类型名　　INTEGER 新类型名

有了上面的定义后，在源程序文件中，整型就有两个名字，一个是 int，另一个是 INTEGER。在程序中可以用 INTEGER 定义变量，例如：

```
INTEGER  a,b;
```

那么 a、b 就被定义为整型变量。又如：

```
typedef  struct
 { int  year;
   int  month;
   int  day;
   }  DATE;
```

这里定义了结构体类型 DATE，在程序中可以用 DATE 定义结构体变量。如果没有 typedef，这只是一个结构变量 DATE 的定义。由此归纳出定义新类型的具体过程。

（1）先定义一个该类型的变量。

例如：int a[10];   /＊定义一维数组 a＊/

（2）将变量定义中的变量名换上一个需要的类型名，一般为与变量区别用大写字母。

（3）在原变量定义前加上关键字 typedef。

```
typedef  int  A[10];
```

以上定义了新的类型名 A，当然这是定义方法，在程序中出现的应该是最后一步结果。即

```
typedef  int  A[10];
```

这样就可以用 A 去定义长度为 10 的数组，且类型为整型。例如：

```
A  C,D;
```

那么 C,D 都被定义为长度为 10 的整型一维数组。

8.2.2　typedef 的使用

（1）对于不同文件都要用到的相同类型数据，可以用 typedef 定义新的类型名，并将其放入一个文件中，然后，在需要的文件中用＃include 指令把它包含进来。

例如：有 3 个 C 语言程序文件 F1、F2 和 F3，F1 完成学生信息录入，F2 完成学生信息查询，F3 完成学生信息打印。这 3 个文件都用到学生信息，就创建学生信息文件"F.H"，内容如下：

```
typedef  struct
 { char  name[15];
   char  sex;
   int   age;
    ⋮      ⋮
   }  STUDENT;
```

然后，在 F1、F2、F3 中各加入一条"＃include "F.H""命令即可。

（2）typedef 与 define 的比较。

例如：

```
typedef  float  REAL;
#define  REAL  float;
```

相同处：都用 REAL 代表 float。

不同处：#define 是预处理命令，在预处理时将程序中的 REAL 展开成 float；typedef 是类型定义语句，它在编译时处理，并不是简单的替换，而是定义一个类型名。

（3）typedef 类型定义使程序参数化，便于移植。

例如：有的计算机系统整型为 2 个字节，有的则为 4 个字节，为使程序能够从一个系统移植到另一个系统，可以在程序中加入语句：

```
typedef  int  INTEGER;
```

在程序中用 INTEGER 定义所有变量，需要移植时将上述语句改为：

```
typedef  long  INTEGER;
```

即可。

无论怎样，typedef 只是对已有类型增加一个新名，并不产生新的类型，请注意这一点。

第 9 章

指针

指针是 C 语言的一个重要特点,同时也是一个非常重要的概念。正确灵活地使用指针,能够有效地表示各种复杂的数据结构,方便地处理各种类型数据,直接对内存中各种不同类型的数据进行处理,甚至可以使用指针调用函数。因此,正确地理解和运用指针,可以使程序简洁、紧凑、高效。

指针是 C 语言最显著的优点之一,但它也最具有危险性。例如,未初始化的指针可能导致系统崩溃;使用指针也容易产生难以发现的错误。因此,在学习本章内容时要多思考,多上机,以便正确地理解和使用指针。

9.1 指针

9.1.1 指针概念

1. 地址

计算机内存区由许多存储单元构成,为了存取内存单元数据,对每个存储单元都进行编号,这个编号就是存储单元的地址,简称地址。如果在程序中定义了变量,在编译(或执行)时就要对它们分配一定数量的存储单元,这些存储单元的数量和存储内容(数值)由变量类型决定,分配给一个变量存储空间的首地址称为该变量的地址。实际上,在程序执行时内存中根本不存在变量名,存取变量值都直接或间接地通过地址进行。

2. 指针与指针变量

指针就是地址,指针也是 C 语言的一种数据类型,用指针类型定义的变量称为指针变量。指针变量与普通变量一样占有一定的存储空间,但是,在指针变量存储空间中存放的不是普通数据,而是一个地址。一个变量的地址被称为该变量的指针。

如图 9.1 所示,假设程序中定义了整型变量 i,系统将 2000、2001 两个字节分配给变量 i,这时变量 i 的地址为 2000,也可以称变量 i 的指针为 2000。如果执行语句"i=6;"向变量 i 赋值,系统会将整型数值 6 送到地址从

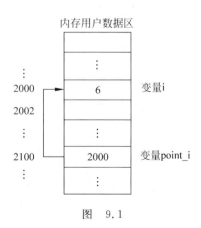

图 9.1

2000 开始的两个字节的存储单元中。假设另有指针变量 point_i,系统同样给指针变量分配内存单元,设系统将 2100、2101 两个字节分配给指针变量 point_i。如果把变量 i 的指针(地址)赋给指针变量 point_i,则变量 i 的指针就存储在指针变量 point_i 中,即 2100、2101 两个字节中的内容为变量 i 的首地址 2000。这时称指针变量 point_i 指向 2000 地址起始的存储空间,也称指针变量 point_i 指向变量 i。

指针是地址,而指针变量是用来存储指针(地址)的变量,它们是两个不同的概念。但是,在编程中经常将指针变量简称指针,请注意区分。

9.1.2　指针变量

1. 指针变量的定义

指针变量同其他类型变量一样,也要先定义后使用。指针变量定义的一般形式为:

类型标识符　＊变量名;

(1) 变量名前的"＊"号是指针类型的标志。定义时,在每个指针变量名前都应有"＊"号,以表示该变量为指针变量。

(2) 类型标识符是指针变量所指向的数据类型。指针变量的值仅指出指向对象存储空间的首地址,而该存储空间的大小,即存储什么类型的数据,则由指针变量的类型标识符决定。根据指针变量指向存储空间中存放的不同数据类型,将指针变量分为整型指针变量、字符型指针变量等。例如,定义如下指针变量:

```
char ＊point_c;
int  ＊point_i;
```

其中 point_c 是指向字符型数据的指针变量,而 point_i 是指向整型数据的指针变量,因此,指针变量 point_c 指向一个字节的存储空间,而指针变量 point_i 指向两个字节的存储空间。

2. 指针变量的使用

C 语言指针变量的使用需要以下两个运算符。

(1) ＆:取地址运算符,它返回运算对象的内存地址。

(2) ＊:指针运算符,也称为"间接引用操作符",它返回指针所指向变量的值,与 ＆ 互补。

【例 9.1】　指针运算符与取地址运算符示例。

```
# include < stdio. h >
int  main( )
 { int a,b;
   int ＊point_a, ＊point_b;    /＊定义指针变量 point_a 和 point_b＊/
   a = 100;
   b = 200;
   point_a = &a;                /＊将 a 变量的地址赋给指针变量 point_a,使 point_a 指向 a ＊/
   point_b = &b;                /＊将 b 变量的地址赋给指针变量 point_b,使 point_b 指向 b ＊/
   printf("\n&a = % xh, &b = % xh\n", &a, &b);
   printf("point_a = % xh,point_b = % xh\n",point_a,point_b);
```

```
printf("&point_a = % xh,&point_b = % xh\n",&point_a, &point_b);
printf("a = % d,b = % d\n",a,b);
printf(" * point_a = % d, * point_b = % d\n", * point_a, * point_b);
return 0;
}
```

程序运行结果如下：

&a = 12ff7ch, &b = 12ff78h
point_a = 12ff7ch,point_b = 12ff78h
&point_a = 12ff74h,&point_b = 12ff70h
a = 100,b = 200
 * point_a = 100, * point_b = 200

说明：

（1）在程序开头处定义两个整型变量 a 和 b，并分配相应的存储空间。当对 a 和 b 赋值时，所赋值就存储到它们的内存空间中，如图 9.2 所示。

（2）程序定义两个指针变量 point_a 和 point_b，虽然也对它们分配相应的存储空间，但是没有对它们赋值，所以 point_a 和 point_b 没有指向任何变量，直至程序第 7 行、第 8 行分别对它们赋予变量 a 的地址 12ff7ch（h 表示十六进制）和变量 b 的地址 12ff78h 之后，才使 point_a 和 point_b 分别指向变量 a 和 b，如图 9.2 所示。

（3）程序第 4 行 * point_a 和 * point_b 中的 * 表示该变量为指针变量，而第 13 行 * point_a和 * point_b 中的 * 则是指针运算符，* point_a 代表指针变量 point_a 所指向的变量值，即变量 a 的值（100）。同理，* point_b 代表变量 b 的值（200）。

3. 指针与变量

变量的指针就是变量的地址，当把一个变量地址（指针）赋给一个指针变量时，指针变量就指向该变量。为了表示指针变量与其指向变量之间的联系，C 语言用指针运算符" * "表示指向。例如，有整型变量 i 和指针变量 point_i，若执行语句"point_i = &i; "，则 point_i 就指向变量 i，而 * point_i 就代表 point_i 所指向的变量，如图 9.3 所示。

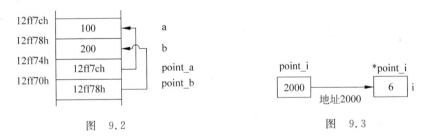

图 9.2   图 9.3

可以看出，* point_i 也表示一个变量，它与变量 i 等价，可以用 * point_i 代替变量 i 参加各种运算。例如：

（1）i = 6；

（2）* point_i = 6；

两个语句作用完全相同。其中，第（2）条语句的含义是：将 6 赋给指针变量 point_i 所指向的变量（i）。

【例9.2】 输入两个整数,应用指针变量,按从大到小顺序输出这两个整数。

```
# include < stdio. h>
int main( )
 { int  * p1, * p2, * p,a,b;
   printf("input a and b :") ;
   scanf(" % d % d",&a,&b);
   p1 = &a;                          /* 将 a 变量的地址赋给指针变量 p1 */
   p2 = &b;                          /* 将 b 变量的地址赋给指针变量 p2 */
   if(a < b)
     { p = p1; p1 = p2; p2 = p; }    /* 交换指针变量 p1 与 p2 的值 */
   printf("max = % d,min = % d \n", * p1, * p2);
   return 0;
       }
```

程序运行结果如下:

```
input   a and   b: 10   15 ↵
max = 15, min = 10
```

当输入数据之后,由于 a<b,故将 p1 与 p2 交换。交换前的情况如图 9.4(a)所示,交换后的情况如图 9.4(b)所示。

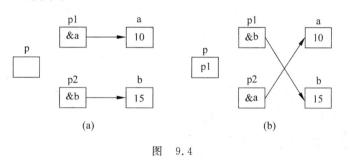

图 9.4

注意:交换的仅仅是指针变量 p1 与 p2 的值。即使 p1 指向了较大者 b,使 p2 指向了较小者 a,而 a 和 b 的值未交换,它们仍保持原值。请比较本例和下面的程序。

```
# include < stdio. h>
int main( )
 { int  * p1, * p2,a,b,c;
   printf("input a and b:");
   scanf(" % d % d", &a,&b);
   p1 = &a;
   p2 = &b;
   if(a < b)
     { c = * p1; * p1 = * p2; * p2 = c; }    /* 交换 a、b 变量的值 */
   printf("max = % d,min = % d\n", * p1, * p2);
   return 0;
       }
```

在程序中使用指针处理数据时,需要特别注意:指针变量在使用前必须被赋值确定的地址值,既可以用变量的地址对指针变量赋值,如"p1 = &a;",也可以用已经赋值的同类型指针变量对指针变量赋值,如"p=p1;"。一个没有赋初始值的指针变量值是不确定的,可能指向内存中任何一个地方，如果使用该指针将产生不可预见的错误。

9.1.3 指针的算术运算

指针算术运算是以指针变量存储的地址值作为对象进行的运算，它与普通变量的运算在种类和意义上是不同的。由于指针是地址，指针算术运算仅能执行加减运算。

指针算术运算与指针类型有密切关系。指针变量进行加减时，其值（地址值）变动的单位不是字节，而是指针变量指向的数据类型占用的内存单元数。例如，若有整型指针变量 pi，值为 2000，执行语句"pi++；"后，pi 的值为 2002，而不是 2001。C 语言规定：整型指针变量每自加 1，便指向下一个整型数据，此规则同样适用于减法。因此，对字符型指针增加 1 时，其值增加 1，而对整型指针增加 1 时，其值增加 2，如图 9.5 所示。

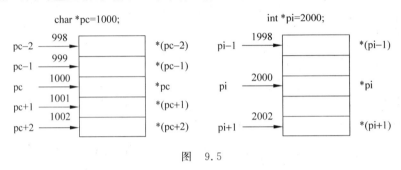

图　9.5

除了指针的增 1 或减 1，还可以将一个整数加到指针上，或从指针中减去 i 个整数。对于不同数据类型的指针变量 p，p±n 表示的实际位置地址值是：

(p) ± n * 数据类型长度

其中(p)表示指针变量 p 的地址值。

9.2　指针与数组

指针变量既然可以指向基本类型变量，就可以通过把数组的起始地址或数组元素的地址赋值给指针变量，使指针变量指向数组或数组元素。由于数组元素是连续存放的，指针算术运算又有特殊性，从而使用指针变量可以很方便地处理数组元素，使目标程序质量较高，即占内存少，运行速度快。

9.2.1　指针与一维数组

可以将一维数组的首地址或其元素的地址赋值给相同数据类型的指针变量，使该指针变量指向一维数组或其元素，进而利用该指针变量处理一维数组或其元素。

例如：

```
int a[10];
int * p;
p = &a[0];
```

将一维数组元素 a[0]的地址赋给指针变量 p,从而使 p 指向数组元素 a[0]。

当使用指针变量处理一维数组元素时,如果指针变量 p 的初始值为 &a[0],如图 9.6
所示。则有:

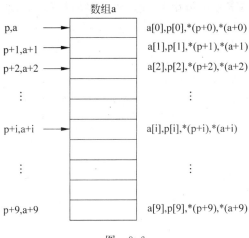

图 9.6

(1) p+i 就是数组元素 a[i]的地址。这时由于 p 指向数组的第 1 个元素,即 a[0],根据
指针运算规则,p+1 即为 a[1]的地址,p+i 即为 a[i]的地址。

(2) *(p+i)是 p+i 所指向的数组元素,即 a[i]。

(3) 指向数组的指针变量也可以带下标,即 p[i]与 *(p+i)等价。

综上所述,引用一维数组的元素,可以用以下两种方法。

(1) 下标法,如 a[i],p[i];

(2) 指针法,如 *(a+i),*(p+i)。

其中 a 为一维数组名,p 为相同数据类型的指针变量,其初值为 p=a。

【例 9.3】 用指针处理一维数组示例。

```
# include < stdio. h>
int main( )
 { int a[10], * p, i;
   p = a;
   printf("\n");
   for( i = 0; i < 10; i ++ , p ++ )
     scanf(" % d",p);
   p = a;
   printf("\n");
   for( i = 0; i < = 10; i ++ , p ++ )
       printf(" % d", * p);
   return 0;
   }
```

程序运行结果如下:

```
1 2 3 4 5 6 7 8 9 10↵
1 2 3 4 5 6 7 8 9 10
```

程序中第 1 个"p＝a；"将数组的首地址赋给指针变量 p。由于使用 for 循环读入数组值时对 p 进行自加，当第 1 个 for 循环结束时 p 的值已经变成"a＋10"。所以，在使用指针变量 p 输出数组元素值之前，又向 p 重新赋值数组首地址。

【例 9.4】 应用指针，求一维数组 a[10]＝{5,3,6,1,7,4,9,2,8,10}中的最大值。

```c
# include < stdio. h>
int main( )
 { int a[10] = {5,3,6,1,7,4,9,2,8,10};
   int i,max, * p;
   p = a;                             /* 将 a 数组的首地址赋给指针变量 p */
   max = * p;                         /* 将 a 数组的第 1 个元素 a[0]赋给变量 max */
   p ++;                              /* 将指针变量 p 指向 a 数组的下一个元素 a[1] */
   for(i = 1; i < 10; i ++ ,p ++ )
       if( * p > max) max = * p;
   printf("\nmax = % d \n",max);
   return 0;
   }
```

程序运行结果如下：

```
max = 10
```

注意：用递增或递减方式访问一维数组时，指针法比下标法速度快得多，因为 C 语言自增、自减操作的速度比较快。但是，如果以随机方式访问一维数组，使用下标法更为合理，而且也更为直观，能增加程序的易读性。

9.2.2　指针与二维数组

指针不仅可以处理一维数组，也可以处理多维数组，但是，多维数组的指针比一维数组的指针复杂，下面简单介绍应用指针引用二维数组元素的方法。

【例 9.5】 应用指针变量，输出二维数组 a[3][4]＝{{0,1,2,3},{10,11,12,13},{20,21,22,23}}的全部元素。

```c
# include < stdio. h>
int main( )
 { int a[3][4] = {{0,1,2,3},{10,11,12,13},{20,21,22,23}};
   int * p,i,j;
   p = a;
   printf("\n");
   for(i = 0; i < 3; i ++ )
     { for (j = 0; j < 4; j ++ )
         printf(" % 4d", * p ++ );
       printf("\n");
         }
   return 0;
     }
```

程序运行结果如下：

```
0   1   2   3
```

```
10   11   12   13
20   21   22   23
```

如图 9.7 所示,二维数组 a 的各个元素在内存中按行的顺序存放。p 是整型指针变量,p 值自加 1,将指向下一个数组元素。例题顺序输出数组元素的值,如果要随机输出某一数组元素的值,则要计算该数组元素在数组中的相对位置。对于 m 行 n 列的二维数组 a[m][n],其数组元素 a[i][j] 在数组中相对位置的计算公式为:

i * n+j

因此,如果指针变量 p 指向 a[0][0],则 p+i * n + j 即为元素 a[i][j] 的地址,*(p+i * n+j) 就是 a[i][j]。如图 9.7 所示,a[2][3] 的地址为 p+2 * 4+3,即 p+11,a[2][3] 就可以表示为 *(p+11)。

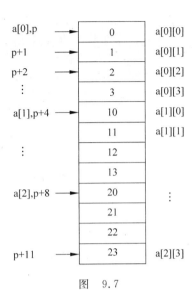

图 9.7

【例 9.6】 应用指针变量,输出二维数组 a[3][4]＝{{0,1,2,3},{10,11,12,13},{20,21,22,23}} 中任一元素的值。

```
# include < stdio. h >
int main( )
 { int a[3][4] = { {0,1,2,3},{10,11,12,13},{20,21,22,23} };
   int * p,i,j;
   p = a;
   printf("\nInput i and j:");
   scanf(" % d % d",&i,&j);
   printf("a[ % d][ % d] =  % d\n",i,j, *(p+(i-1)*4+(j-1)));
   return 0;
     }
```

程序运行结果如下:

```
Input i and j: 1 3 ↵
a[1][3] = 2
```

9.2.3 应用指针向函数传递数组

在第 7 章讲过,可以用数组名作函数的实参,通过"地址传送"方式向函数传送数组。由于使用数组名作函数实参时,仅进行数组首地址的单向传值操作,因而也可以使用指针变量代替数组名进行地址的传送。

如果要在函数中使用实参数组元素或改变实参数组元素的值,还可以用以下 3 种实参与形参的对应方法。

(1) 实参用数组名,形参用指针变量。例如:

```
int main( )              f(int * p,int n)
  {int a[10];              {
    ⋮
```

```
      f(a, 10);                          ⋮
        ⋮
      }                                  }
```

实参 a 为数组名,形参 p 为相同数据类型的指针变量。函数调用时,实参 a 将数组的首地址(&a[0])传给指针变量 p,在函数开始执行时,p 指向 a[0]。这样,就可以在函数 f 中通过指针变量处理实参数组 a 的任何一个元素。

（2）实参用指针变量,形参用数组。例如:

```
int main( )                 f(int b[ ], int n)
 { int a[10], * pa;          {
   pa = a;
    ⋮                          ⋮
   f(pa,10);
    ⋮                          }
   }
```

实参 pa 为指针变量,其值为 &a[0],形参 b 为数组。在函数调用时,将 p 的值(&a[0])传送给形参数组 b,从而使形参数组 b 和数组 a 共用同一段存储空间。这样,就可以通过形参数组 b 处理数组 a 的任何一个元素。

（3）实参和形参都用指针变量。例如:

```
int main( )                 f(int * p, int n)
 { int a[10], * pa;          {
   pa = a;
    ⋮                          ⋮
   f(pa,10);
    ⋮                          }
   }
```

实参 pa 和形参 p 都是指针变量。先对 pa 赋值为数组 a 的首地址,在函数调用时,通过实参指针变量 pa 将数组 a 的首地址传递给形参指针变量 p,p 就指向 a[0]。这样,就可以在函数 f 中通过指针变量 p 来处理数组 a 的任何一个元素。

【例 9.7】 应用函数与指针,对长度为 10 的一维数组进行从小到大排序。

```
# include < stdio. h>
void sort(int * p, int n)
  { int i, j, temp;
    for(i = 0; i < n - 1; i ++ )
       for(j = i + 1; j < n; j ++ )
           if( * (p + i) > * (p + j))
              { temp = * (p + i);
                * (p + i) = * (p + j);
                * (p + j) = temp;
               }
     }
int main( )
{ int a[10], * pa, i;
  pa = a;
```

```
    printf("Input 10 integer:");
    for(i = 0; i < 10; i ++ )
        scanf("% d",pa ++ );
    pa = a;                                /* 使 pa 重新指向 a[0] */
    sort(pa,10);
    for (i = 0; i < 10; i ++ )
        printf("% d", * pa ++ );
    return 0;
    }
```

程序运行结果如下：

```
Input 10 integer: 23 12 89 56 98 34 79 28 90 68 ↵
12   23   28   34   56   68   79   89   90   98
```

程序采用指针变量作形参和实参。在 main 函数中,先将数组 a 的首地址赋给指针变量 pa,然后用 for 循环读入数组元素值。由于使用 pa ++ ,for 循环结束时 pa 的值已变成 a + 10,不再指向 a[0],因此,又第二次使用"p = a;"语句,使 pa 重新指向 a[0]。在函数调用时,实参 pa 将数组 a 的首地址传给形参 p,p 就指向 a[0], * (p + i) 也就是 a[i]。当然,在函数 sort 中,也可以用 p[i] 和 p[j] 代替 * (p + i) 和 * (p + j)。

9.3　指针与字符串

9.3.1　用指针处理字符串

C 语言的字符串以字符数组的方式存储,指针与数组的关系同样适用于字符串。所以,不仅可以使用字符数组处理字符串,还可以使用字符指针处理字符串。

【例 9.8】　应用字符指针,将字符串"How are you!"从 a 数组复制到 b 数组中。

```
# include < stdio. h >
int main( )
{ char a[ ] = "How are you!",b[20];
  char * s1, * s2;
  s1 = a;
  s2 = b;
  while( * s1! = NULL)
    { * s2 = * s1;
      s1 ++ ;
      s2 ++ ;
      }
  * s2 = NULL;
  printf(" % s\n",b);
  return 0;
  }
```

程序运行结果如下：

```
How are you!
```

程序用 while 循环语句完成字符串的复制。while 语句中的表达式（＊s1！＝NULL）首先判断 s1 指向的字符不为 NULL，若为真，则将 s1 指向的字符复制到 s2 指向的内存单元中，然后将指针变量 s1 和 s2 分别加 1；若为假，则表示 s1 指向的字符为 NULL，即值'\0'，循环结束，停止复制。语句"＊s2＝NULL('/0')；"在 b 数组中的字符串结尾处加'\0'。

字符串的存储与处理既可以用字符数组实现，也可以用字符指针实现。但是，字符指针方式比字符数组方式节省内存空间，使用也更加便捷。

9.3.2　字符指针作函数参数

将字符串从一个函数传递到另一个函数，可以用字符数组名作为实参，还可以用字符指针作实参，将字符串的首地址传递到另一个函数中。

【例 9.9】　应用字符指针和函数，求一个字符串的长度。

```
#include <stdio.h>
int string_len(char *s)
 { int i = 0;
   while( *s)
    { i++;
      s++;
        }
   return(i);
      }
int main( )
{ int len;
  char str[80];
  printf("Input string:");
  gets(str);
  len = string_len(str);          /* 以数组名 str 为实参,调用函数 */
  printf("len = %d\n",len);
  return 0;
    }
```

程序运行结果如下：

```
Input string: How are you! ↲
1en = 12
```

在程序中，函数 string_len 用字符型指针变量 s 作形参，main 函数以字符数组名 str 作实参调用函数 string_len，将字符串的首地址传递给形参 s。

以字符数组名或指向字符串的指针作实参，传递给形参的是字符串的首地址。因此，在被调用函数中改变字符串的内容，在主调函数中就可以得到改变的字符串。

9.4　指针与函数

9.4.1　指针作函数的参数

函数的参数不仅可以是整型，实型，字符型等基本类型的数据，还可以是指针类型数据。

指针作参数的作用是将一个变量的地址传送到另一个函数中,这样,形参指针就指向了主调函数中的变量,从而可以改变主调函数中变量的值。下面用一个例子来说明。

【例9.10】 输入两个整数,应用指针变量和函数,按从小到大顺序输出这两个整数。

```
# include < stdio. h >
void   swap(int * p1, int * p2)
 { int temp;
   temp = * p1;
    * p1 = * p2;
    * p2 = temp;
    }
int main( )
 { int a = 0, b = 0;
   int * point_a, * point_b;
   point_a = &a;
   point_b = &b;
   printf("Input a and b: \n");
   scanf(" % d  % d",&a,&b);
   if (a > b)
     swap(point_a, point_b);
   printf(" % d  % d \n",a,b);
   return 0;
   }
```

程序运行结果如下:

```
Input a and b:
10   2 ↵
2    10
```

程序中的 swap 函数是用户定义的函数,它的两个形参 p1 与 p2 都是整型指针变量,其作用是交换两个变量 a 和 b 的值。程序开始执行时,先令 point_a 指向 a,point_b 指向 b,然后输入 a 和 b 的值,接着执行 if 语句。由于"a > b",执行 swap 函数,实参变量 point_a 和 point_b 是指针变量,它们的值分别是变量 a、b 的地址。在函数调用开始时,采用"值传送"方式,把实参变量 point_a 和 point_b 的值传送给形参变量 p1 和 p2。因此,在函数 swap 中,形参 p1 的值为 &a,p2 的值为 &b,如图

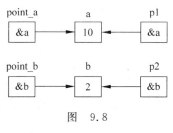

图   9.8

9.8所示。这时 p1 和 point_a 都指向变量 a,p2 和 poin_b 都指向变量 b,在 swap 函数中,使 * p1 和 * p2 的值互换也就是使 main 函数中 a 和 b 的值互换。所以,在函数调用结束后,main 函数输出的 a 和 b 的值已经是被交换后的值。

由上例可见,使用指针作函数参数时,通过形参指针可以改变主调函数中变量的值,在函数调用结束后,这些被改变的变量值被保留下来。因此,可以用指针作函数参数的方式,从函数中得到多个返回值。

【例9.11】 应用函数和指针,求一维数组中所有元素的平均值、最大值和最小值。

```
# include < stdio. h >
```

```
int main( )
 { float average( int b[10],int * p1,int * p2); / * 函数说明 * /
   int a[10] = {23,5,98,45,53,75,42,64,58,19};
   int max,min;
   float aver;
   aver = average(a,&max,&min);
   printf("average = % f\n",aver);
   printf("max = % d,min = % d\n",max,min);
   return 0;
     }
float average( int b[10],int * p1,int * p2)
   { int i;
     float aver,sum = 0;
     * p1 = b[0];
     * p2 = b[0];
     for(i = 0; i < 10; i++)
      { if( * p1 < b[i])  * p1 = b[i];
        if( * p2 > b[i])  * p2 = b[i];
        sum + = b[i];
         }
     aver = sum/10;
     return(aver);
     }
```

程序运行结果如下：

```
average = 48.200001
max = 98,min = 5
```

在程序中,函数 average 采用一个整型数组和两个整型指针作形参。在 main 函数中调用函数 average 时,用数组名 a、&max 和 &min 作实参,所以,在函数 average 中,形参 p1 的值就为 &max,形参 p2 的值就为 &min。因此,对 * p1 和 * p2 的赋值实际上就是对 main 函数中 max 与 min 的赋值,函数调用结束后,所求得的最大值和最小值就存放在 max 和 min 中。另外,采用 return 语句,将数组元素的平均值返回到 main 函数中。注意：本程序直接用变量的地址作实参,并没有用指针变量作实参。

9.4.2　返回指针的函数

函数调用结束后,可以返回一个值给主调函数,这个值可以是整型、实型、字符型等基本类型数据,也可以是指针,即地址。

返回指针值函数的一般定义形式为：

类型标识符　＊ 函数名(形参表)

例如：

```
int * f( int a,int b)
{ … }
```

其中,函数名 f 前面的 * 表示此函数是指针型函数,即该函数的返回值是指针,* 前面的 int 表示返回的指针是指向整型数据的指针。

【例 9.12】 编写 str_chr 函数,其功能是在一个字符串中查找一个指定字符,找到后返回该字符的地址,若未找到则返回空指针。在 main 函数中调用 str_chr 函数,查找字符'e'在字符串"How are you!"中的地址以及相对位置,并输出。

```
# include < stdio. h >
char * str_chr(char * str,char ch)
 { while(( * str! = ch) && ( * str! = NULL))
      str ++ ;
   if( * str == NULL)   return(0);        / * 未找到,返回空指针 * /
   return(str);
    }
int main( )
 { char * p,ch,str[ ] = "How are you!";
   ch = 'e';
   p = str_chr(str,ch);
   if(p)
     { printf("string starts at % xh. \n",str);
       printf("char \' % c\' at  % xh. \n",ch,p);
       printf("position is % d. \n",p - str);
       }
   else
       printf("not found! \n");
   return 0;
    }
```

程序运行结果如下:

string starts at 12ff68h.
char 'e' at 12ff6eh.
position is 6.

在程序中,当 main 函数调用函数 str_chr 时,通过实参数组名 str 将字符串"How are you!"的首地址传给形参指针 str。函数 str_chr 开始执行时,形参指针 str 指向该字符串的起始位置,函数 str_chr 依次将形参指针 str 指向的字符与 ch 中的字符比较,若找到,则返回该字符的地址,若直到字符串结束标志'\0'(NULL)还未找到,则返回空指针 0。

9.4.3　指向函数的指针

C 语言的指针变量不仅可以指向变量、字符串和数组,也可以指向函数。程序执行时,函数代码被存放在用户程序区。编译系统在编译源程序时为每个函数分配一个入口地址,这个入口地址被称为函数的指针,因此,可以将函数的指针赋给一个指向函数的指针变量,然后通过该指针变量调用其指向的函数。

【例 9.13】 指向函数指针示例。

```
# include < stdio. h >
int add( int a, int b)
 { int c;
```

```
      c = a + b;
      return(c);
      }
  int main( )
   { int x, y, z;
     int ( * f)( );                   /* 定义指向函数的指针 f */
     f = add;                         /* 将函数 add 的首地址赋值给 f */
     printf("Input x and y:");
     scanf("% d % d", &x, &y);
     z = ( * f)(x, y);               /* 用指向函数的指针 f 实现函数调用 */
     printf("% d + % d = % d\n", x, y, z);
     return 0;
     }
```

程序运行结果如下：

Input x and y: 23 5 ↵
23 + 5 = 28

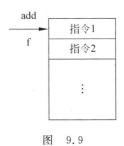

图 9.9

程序语句"int (* f)( )；"定义 f 是一个指向函数的指针变量，此函数返回整型值；赋值语句"f＝add；"将函数 add 的入口地址赋给指针变量 f，与数组名代表数组首地址一样，函数名代表该函数的入口地址；这时，f 和 add 都指向函数的入口地址，如图 9.9 所示，调用（ * f）就是调用 add 函数，语句"z＝（ * f）（x，y）；"就是用指针形式实现函数调用，它与"z＝add（x，y）；"等价。

说明：

（1）指向函数的指针变量定义的一般形式为：

类型标识符 (* 指针变量名)( )；

其中，类型标识符代表指针变量所指向的函数返回值的类型。

（2）可以用函数名调用函数，也可以用指向函数的指针变量调用函数，两种方式作用相同。

（3）指向函数的指针变量专门用来存放函数的入口地址，它并不固定指向某个函数，把哪个函数的地址赋给它，它就指向哪个函数，一个指向函数的指针变量可以指向不同的函数。

（4）对指向函数的指针变量赋值，只需给出函数名，不涉及实参与形参的结合问题。例如：

f = add;

（5）用指向函数的指针变量调用函数时，只需用（ * f）代替函数名即可，在（ * f）之后的括号中根据要求写上实参，例如：

z = (* f)(x, y);

表示以 x，y 作实参，调用 f 所指向的函数，返回值赋给 z。

（6）对指向函数的指针变量进行加减运算没有意义，不能通过 f＋＋指向下一条指令或下一个函数。如 f＋＋、f－－、f＋n 等运算都无意义。

9.4.4 指向函数的指针作函数参数

指向函数的指针变量也可以作函数的实参。如果一个函数的形参是指向函数的指针变量,在调用该函数时,可以用函数的指针作实参,将函数的指针传给形参指针变量,这样,就可以在该函数中通过形参指针变量调用实参函数。调用该函数时可以用不同函数的指针作实参,以调用不同的函数,完成不同的功能。

【例 9.14】 应用指向函数的指针作函数参数,编写一个函数 process,每次调用它的时候实现不同的功能。输入 a,b 两个数,第 1 次调用 process 时求出 a 与 b 的和,第 2 次求出 a 与 b 的差,第 3 次求出 a 与 b 的积。

```c
# include < stdio.h>
int main( )
 { int add(int x, int y);              /* 函数说明 */
   int sub(int x, int y);              /* 函数说明 */
   int multi(int x, int y);            /* 函数说明 */
   int process(int( * f)( ), int x, int y);   /* 函数说明 */
   int a, b, c;
   printf("Input a and b:");
   scanf("% d % d", &a, &b);
   c = process(add, a, b);
   printf("% d + % d = % d\n", a, b, c);
   c = process(sub, a, b);
   printf("% d - % d = % d\n", a, b, c);
   c = process(multi, a, b);
   printf("% d * % d = % d\n", a, b, c);
   return 0;
     }
int add(int x, int y)
 { int z;
   z = x + y;
   return(z);
   }
int sub(int x, int y)
 { int z;
   z = x - y;
   retutn(z);
   }
int multi(int x, int y)
 { int z;
   z = x * y;
   return(z);
   }
int process(int ( * f)( ), int x, int y)
 { int z;
   z = ( * f)(x, y);
   return(z);
   }
```

程序运行结果如下：

```
Input a and b: 5 4 ↵
5 + 4 = 9
5 − 4 = 1
5 ∗ 4 = 20
```

add、sub 和 multi 是已定义的 3 个函数，分别用于求两个整数的和、差、积。main 函数第 1 次调用 process 函数时，除了将 a 和 b 实参的值传给 process 的形参 x、y 外，还将函数名 add 作实参，将其入口地址传送给 process 的形参——指向函数的指针变量 f，如图 9.10(a) 所示，这时函数 process 中的(∗f)(x,y)相当于 add(x,y)，执行函数 process 就可以返回 a 与 b 的和；main 函数第 2 次调用函数 process 时，以函数名 sub 作实参，此时形参 f 指向函数 sub，如图 9.10(b)所示，这时(∗f)(x,y)相当于 sub(x,y)；同理第 3 次调用函数 process 时，f 指向 multi 函数，如图 9.10(c)所示，(∗f)(x,y)相当于 multi(x,y)。

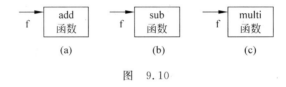

图　9.10

不仅可以将自定义函数作参数，也可以将库函数作参数，用指向函数指针的方式调用库函数。

【例 9.15】　编写一个用矩形求定积分的通用函数，分别求：$\int_0^1 \sin(x)dx$、$\int_{-1}^1 \cos(x)dx$、$\int_0^2 e^x dx$ 的值。

如图 9.11 所示，用矩形法求定积分，就是用若干个小矩形的面积之和来近似定积分的值，例如，求 f 函数在(a,b)区间的定积分公式为：

$$s = f(a) \ast h + f(a+h) \ast h + \cdots + f(a+i \ast h) \ast h + \cdots + f(a+(n-1) \ast h) \ast h$$

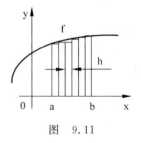

图　9.11

其中，h=(b−a)/n，显然，n 值越大，求得定积分的精度就越高，为简单起见，统一取 n=100。

程序：

```c
# include < math.h >
# include < stdio.h >
double integral(double ( ∗ fun)( ),double a,double b)
 { double h,y = 0;
   int n,i;
   n = 100;
   h = (b − a)/n;
   for (i = 0; i < n; i ++)
   y + = ( ∗ fun)(a + i ∗ h) ∗ h;
   return(y);
     }
```

```
int main( )
 { double y1, y2, y3;
   y1 = integral(sin,0.0, 1.0);
   y2 = integral(cos, - 1.0,1.0);
   y3 = integral(exp,0.0,2.0);
   printf("y1 = % f \n",y1);
   printf("y2 = % f \n",y2);
   printf("y3 = % f \n",y3);
   return 0;
    }
```

程序运行结果如下：

```
y1 = 0.455487
y2 = 1.682886
y3 = 6.325379
```

在程序中，函数 sin、cos、exp 均为库函数，使用前首先包含头文件"math. h"；库函数 sin、cos、exp 的返回值及形参均为 double 型，故将程序中相关变量定义为 double 型；函数 integral 的形参 fun 也被定义为 double 型指向函数的指针变量。

9.5 指针数组与指向指针的指针

9.5.1 指针数组

指针类型与其他数据类型一样，也可以用来定义指针数组。指针数组的每一个元素都是指针变量，它使字符串的处理更加方便灵活，并且节省内存空间。指针数组的定义形式为：

类型标识符 * 数组名[数组长度];

例如：char * point[10];

定义一个指向字符型数据的指针数组，长度为 10，其中每个数组元素都是指向字符类型的指针变量。

【例 9.16】 应用函数和指针数组，对字符串："grape"，"peach"，"apple"，"cherry"，"banana"按字母从小到大顺序进行排序，并输出。

```
# include < string. h >
# include < stdio. h >
int main( )
 { void sort(char * f[ ],int n);
   char * fruit[5] = {"grape","peach","apple","cherry","banana"};
   int i;
   sort(fruit,5);
   for(i = 0; i < 5; i ++ )
       printf(" % s\n",fruit[i]);
   return 0;
    }
```

```
void sort(char * f[ ],int n)
 { char * p;
   int i,j;
   for(i = 0; i < n − 1; i ++ )
      for(j = i + 1; j < n; j ++ )
          if(strcmp(f[i],f[j]) > 0)
              { p = f[i];
                f[i] = f[j];
                 f[j] = p;
                }
    }
```

程序运行结果如下：

apple
banana
cherry
grape
peach

main 函数定义指针数组 fruit，其 5 个元素的初值分别是字符串"grape"、"peach"、"apple"、"cherry"和"banana"的首地址，即 fruit 的 5 个数组元素分别指向 5 个字符串，如图 9.12(a)所示。函数 sort 的作用是对字符串排序，它的形参 f 是指针数组。main 函数调用函数 sort 时，将实参数组 fruit 的首地址传给形参数组 f，形参数组 f 与实参数组 fruit 共同占用一段内存单元，f[i] 即 fruit[i]。strcmp 是字符串比较函数，f[i] 和 f[j] 是字符型指针变量，分别指向两个字符串，若 strcmp(f[i],f[j]) 的值大于 0，说明 f[i] 所指向的字符串大于 f[j] 所指向的字符串，故将 f[i] 与 f[j] 的值互换。注意，此时交换的是两个数组元素的指针值，即两个字符串的首地址，而不是交换字符串。执行完函数 sort 后，数组元素 fruit[0] 指向最小的字符串，fruit[1] 指向次小的字符串，……，如图 9.12(b)所示。sort 函数只对指针数组排序，不改变字符串的存储位置，移动指针变量的值比移动字符串省时许多，这充分体现使用指针数组处理字符串的灵活和方便。

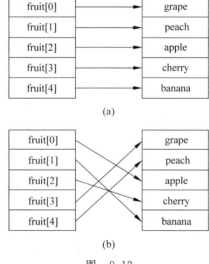

图　9.12

9.5.2　指向指针的指针

指针不仅可以指向整型数据,字符型数据,数组以及函数等,还可以指向指针变量,将指向指针变量的指针称为指向指针的指针。

指向指针的指针变量定义的一般形式为:

类型标识符　＊＊指针变量名;

例如:char　＊＊p;

在变量名 p 之前有两个 ＊ 号,由于 ＊ 运算符的结合方向是自右向左,因此"char　＊＊p"相当于"char　＊(＊p);",首先说明 p 是一个指针变量,然后再与前一个 ＊ 相结合,说明 p 是一个指向指针的指针变量,最后与前面的 char 相结合,说明 p 所指向的指针是字符型指针。而 ＊p 就是 p 所指向的另一个字符型指针变量。

【例 9.17】　指向指针的指针变量示例。

```
#include <stdio.h>
int main()
{ char   *fruit[] = {"grape","apple","peach","banana","orange"};
  char   **p;
  int   i;
  p = fruit;
  for(i = 0; i < 5; i++)
      printf("%s\n", *p++);
}
```

程序运行结果如下:

grape

apple

peach

banana

orange

如图 9.13 所示,指针数组 fruit 的 5 个元素分别指向 5 个字符串,指针 p 指向数组的起始位置,p 就是 fruit[0],即字符串"grape"的首地址。程序用 for 循环使 p 递增并逐次指向各个数组元素,从而输出字符串。

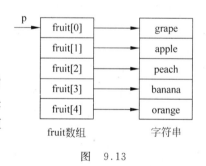

图　9.13

9.6　指针与结构体类型

一个结构体变量的各个成员按照定义时的顺序,在内存中占用一段连续的存储单元,这段存储单元的首地址就是该结构体变量的指针。可以定义一个指针变量,用来指向一个结构体变量,这样的指针变量被称为结构体指针变量。结构体指针变量也可以用来指向结构体数组中的元素。

9.6.1 指向结构体变量的指针

【**例 9.18**】 用结构体指针变量输出结构体变量的值。

```
# include < stdio. h >
# include < string. h >
int main( )
 { struct student
     { long num;
       char name[15];
       char sex;
       float score;
        };
   struct  student   s;
   struct  student   * p;
   p = &s;
   s. num = 97015;
   strcpy(s. name, "WangFang");
   s. sex = 'F';
   s. score = 95.5;
   printf("Number        Name          Sex          Score \n");
   printf(" % - 71d % - 16s % - 4c % - 5.1f\n", s. num, s. name, s. sex, s. score);
   printf(" % - 71d % - 16s % - 4c % - 5.1f\n", ( * p). num, ( * p). name, ( * p). sex, ( * p). score);
   return 0;
    }
```

程序运行结果如下：

```
Number      Name      Sex      Score
97015       WangFang  F        95.5
97015       WangFang  F        95.5
```

程序在 main 函数中首先定义结构体类型 struct student,然后定义一个 struct student 类型的变量 s 和一个指向 struct student 类型变量的指针变量 p。在程序运行时,首先将变量 s 的起始地址赋给指针变量 p,也就是使 p 指向 s,然后对 s 的各个成员赋值。由于 p 指向 s, * p 就等价于 s,(* p). num 则等价于 s. num,(* p). name 则等价于 s. name,⋯。从程序运行结果可以看出,两种方式作用相同。

在 C 语言中,为便于使用和直观,可以把(* p). num 用 p—>num 来代替。其中—> 被称为指向运算符,p—>num 即为 p 所指向结构体变量中的 num 成员。以下 3 种引用结构体变量成员的方式等价。

（1）结构体变量名. 成员名。

（2）(* 结构体指针变量名). 成员名。

（3）结构体指针变量名—>成员名。

9.6.2 指向结构体数组的指针

指针可以处理数组或数组元素,指向结构体类型的指针也可以处理结构体数组及其元素。

【例9.19】 用指向结构体的指针变量输出结构体数组中的元素。

```
#include < stdio.h>
struct student
 { long num;
   char name[15];
   char sex;
   float score;
   };
struct student s[4] = {{97015,"WangFang",'F',95.5},
                       {97018,"LiMing",'M',89.5},
                       {97045,"ZhangLong",'M',85},
                       {97026,"ZhaoYue",'F',76}};
int main( )
 { int i;
   struct student * p;
   p = s;
   printf("Number   Name        Sex   Score\n");
   for(i = 0; i < 4; i++,p++)
     printf(" % - 71d % - 16s % - 4c % - 5.1f\n",p->num,p->name,p->sex,p->score);
   return 0;
     }
```

程序运行结果如下：

```
Number      Name          Sex      Score
97015       WangFang      F        95.5
97018       LiMing        M        89.5
97045       ZhangLong     M        85.0
97026       ZhaoYue       F        76.0
```

程序中的 p 是指向 struct student 类型数据的指针变量,将数组 s 的首地址赋给 p,p 就指向 s[0]。在第 1 次循环输出 s[0] 的各成员之后,执行 p++,使 p 指向数组 s 的下一个元素,即 s[1],故第 2 次循环输出 s[1] 的各成员值。以此类推,for 循环应用 p 输出了结构体数组中的所有元素值。

【例9.20】 有 5 个学生,每个学生包括学号、姓名、成绩等数据。要求对这 5 名学生的学号、姓名及成绩按成绩由大至小排序输出。

```
#include < stdio.h>
struct student
 { long num;
   char name[15];
   float score;
     };
int main( )
 { struct student stu[5];
   struct student * point[5], * p;
   int i,j;
```

```
    for(i = 0; i < 5; i++)
        point[i] = &stu[i];
    printf("Input Num Name and Score:\n");
    for(i = 0; i < 5; i++)
        scanf("%ld %s %f", &stu[i].num, stu[i].name, &stu[i].score);
    for(i = 0; i < 4; i++)
        for(j = i + 1; j < 5; j++)
            if(point[i] -> score < point[j] -> score)
            {   p = point[i];
                point[i] = point[j];
                point[j] = p;
            }
    printf("Order  Number  Name  Score\n");
    for(i = 0; i < 5; i++)
        printf("%-6d%-71d%-16s%-5.1f\n", i + 1, point[i] -> num,
                point[i] -> name, point[i] -> score);
    return 0;
    }
```

程序运行结果如下：

```
Input Num Name and Score:
97018 WangFang 95.5 ↵
97015 ZhaoHu 89.5 ↵
97042 LiMing 98 ↵
97026 ZhangLong 96.5 ↵
97034 LiuLi 90 ↵
Order Number  Name      Score
1     97042    LiMing    98.0
2     97026    ZhangLong 96.5
3     97018    WangFang  95.5
4     97034    LiuLi     90.0
5     97015    ZhaoHu    89.5
```

程序定义 stu 为 struct student 类型的数组，point 为指向 struct student 类型数据的指针数组。程序开始执行时，使数组 point 的元素分别指向数组 stu 的元素，即 point[i] 指向 stu[i]，读入数据后，如图 9.14(a)所示。排序采用双重循环完成操作，应该注意，排序过程并不是对数组 stu 进行排序，而是对指针数组 point 进行排序，即使 point[0] 指向 stu 中成绩最高的元素，point[1] 指向次高的元素……，如图 9.14(b)所示。

9.6.3 用指向结构体的指针作函数参数

【例 9.21】 有一个结构体变量 s，含有学号、姓名、性别和成绩 4 个成员，要求在 main 函数中输入结构体变量成员的数值，在另一个函数中输出结构体变量成员的数值。

```
# include < stdio. h >
struct student
    { long num;
```

图 9.14

```
    char name[15];
    char sex;
    float score;
    };
int main( )
{   void print(struct student * p);              /* 函数说明 */
    struct student s;
    printf("Number:");
    scanf(" % ld",&s.num);
    getchar( );                                  /* 读入 Enter 键 */
    printf("Name:");
    gets(s.name);
    printf("Sex:");
    scanf(" % c",&s.sex);
    printf("Score:");
    scanf(" % f",&s.score);
    printf("Number    Name    Sex   Score\n");
    print(&s);
    return 0;
    }
void print(struct student * p)
{ printf(" % - 71d  % - 16s  % - 4c  % - 5.1f\n",p -> num,p -> name,p -> sex,p -> score);
    }
```

程序运行结果如下：

Number: 97018 ↵
Name:WangFang ↵
Sex:F ↵
Score:95.5 ↵

```
Number    Name      Sex   Score
97018     WangFang  F     95.5
```

程序将 struct student 定义为外部类型,这样,同一源文件中的各个函数都可以用它定义变量。main 函数定义变量 s 为 struct student 类型,函数 print 的形参 p 被定义为指向 struct student 类型数据的指针变量。在 main 函数中读入 s 的成员值,其中 getchar 函数的作用是读出前面执行 scanf 函数时留在键盘缓冲区中的回车字符,以便下面执行 gets 函数输入字符串。在调用函数 print 时,用 &s 作实参,将 s 的地址传送给形参 p,这样 p 就指向 s。在 print 函数中输出 p 指向的结构体变量各成员值,就是 s 的各成员值。

9.7　动态存储分配简介

归纳前面各章节讨论的各种变量,它们的存储分配技术共有两种。第 1 种是静态分配技术,如全局变量和静态变量,它们在编译时由系统为其分配所需空间,而且在运行期间始终保持不变;第 2 种是动态存储分配,如局部(自动)变量,它们在程序运行期间,由系统在运行栈为其分配所需要的内存空间,这些内存空间被使用完毕后,立即被释放。这种动态存储分配,虽然有效地解决了内存的高效利用问题,但是,还不能满足实际需要。本节简单介绍含义更广泛的动态存储分配技术。

动态存储分配是在程序运行期间,根据需要随时为某种数据结构分配所需要的内存空间,当不需要时,随时释放所占用的空间。这种分配和释放在程序控制下进行,其分配的空间取自系统内存的自由空间,这个自由空间被称为堆(非运行栈),分配的内存空间被释放时又被归还到堆空间。

为实现动态存储分配,C 语言提供了相应的标准函数 malloc 和 free。

1. malloc( )函数

(1) 格式。

```
#include <stdlib.h>
void   *malloc(unsigned int size)
```

(2) 功能。

该函数从内存的堆空间中给程序分配大小为 size 字节的内存空间。

(3) 参数说明。

size:要求分配内存空间的字节数。

(4) 返回值。

正常返回:分配空间的首地址。

异常返回:空指针(NULL)。当没有足够的堆空间可分配时,返回空指针。

使用该函数应注意如下 3 点。

① 该函数的返回值是 void 型指针,在把返回值赋给具有某种数据类型的指针时,应该对返回值实行强制类型转换;

② malloc 函数的参数经常使用 sizeof( )运算,测试数据类型的大小,然后再乘以指定的

数据个数,这是为使程序适应不同硬件系统的不同数据类型占用不同字节数的情况;

③ 在使用该函数分配内存时,经常要检查其返回值是否为0,以确定所需的空间是否被顺利分配。

【例 9.22】　malloc( )函数示例。

```
# include < stdio. h >
# include < stdlib. h >
struct addr
  {  char name[20];
     char street[40];
     char city[40];
     char state[3];
     char zip[10];
     }
struct addr   * get_struct( )
  {  struct addr * p;
     p = (struct addr  * )malloc(sizeof(struct addr));    / * 开辟存储空间 * /
     if(p == NULL)
     {  printf("allocation error aborting\n");
        exit(1);
        }
     return(p);                                            / * 返回新开辟存储空间的起始地址 * /
     }
```

2. free( )函数

(1) 格式。

```
# include < stdlib. h >
void   free(void   * ptr);
```

(2) 功能。

该函数向堆空间交还由 ptr 所指向的存储空间,该存储空间必须是先前用 malloc 函数分配的空间,否则,会产生致命错误。交还到堆中的内存空间可以再次进行分配使用。

(3) 参数说明。

ptr:指出要交还(释放)空间的首地址。

(4) 返回值:无。

【例 9.23】　free( )函数示例。

```
# include < stdlib. h >
# include < stdio. h >
int main( )
{  char * str[100];
   int i;
   for ( i = 0; i < 100; i ++ )
   { if ((str[i] = (char  * )malloc(128)) == NULL)
       {  printf("allocation error aborting");
```

```
        exit(1);
        }
    gets(str[i]);
        }
for(i = 0; i < 100; i++ )                    /* 释放已经分配的内存空间 */
    free(str[i]);
return 0;
}
```

第10章

数据文件

在本章之前,程序与外部输入输出设备的连接虽然用输入输出函数,但是程序的输入数据都来源于键盘,程序的输出数据只能输出到显示器上。本章介绍将数据保存到计算机外部存储器中的方法,以及将外部存储器中的数据调入程序中的方法。

在程序设计中,无论是通过键盘、显示器,还是数据文件输入输出数据,编写程序的过程、方法和算法都是一样的,只是应用的输入输出语句(函数)不同。

10.1 文件概述

10.1.1 文件的概念

所谓"文件"一般指存储在外部介质上的数据集合,即一批数据被以文件形式存放在外部介质上,如磁盘等。操作系统以文件为单位对数据进行管理,也就是说,操作系统要读取存储在外部介质上的数据,必须先按文件名找到指定的文件,然后再从该文件中读取数据;要向外部介质上存储数据也必须先建立或打开(找到)一个以文件名标识的文件,才能向它输出数据。

C语言把文件看作是一个字符(字节)序列,即文件由一个个字符(字节)数据顺序组成。根据数据的组织形式,可分为 ASCII 文件和二进制文件。ASCII 文件又被称为文本(text)文件,它的每一个字节存放一个 ASCII 代码,代表一个字符。二进制文件是内存数据的映像文件,即把内存中的数据,按其在内存中的存储形式原样输出到磁盘上存放。例如,整数 10000 在内存中占两个字节,如果将其按 ASCII 码形式输出,则占 5 个字节,分别为 00110001、00110000、00110000、00110000、00110000;而按二进制形式输出,在磁盘上只占两个字节,分别为 00100111、00010000,如图 10.1 所示。以 ASCII 码形式输出的一个字节代表一个字符,这样便于逐个处理字符,也便于输出字符,但是,这样占用存储空间较多,而且将二进制形式转换为 ASCII 码需要转换时间。用二进制形式输出数值,可以节省外存空间和转换时间,但是,这样输出的一个字节并不对应一个字符,也就不能直接输出字符。二进制文件常被用于保存程序中间运算结果数据和大量数据。

ANSI C 标准采用缓冲文件系统处理文件。缓冲文件系统指:系统自动地在内存区为每一个正在使用的文件开辟一个缓冲区,如果从内存向磁盘输出数据,必须先把数据输出到内存缓冲区中,当内存缓冲区装满后再一起输出到磁盘;如果从磁盘向内存读入数据,则一次从磁盘文件将一批数据输入到内存缓冲区中，当数据充满缓冲区或都输入缓冲区后，再从缓冲区中逐个将数据输入到程序数据区，给程序变量。如图 10.2 所示。缓冲区的大小由各个具体的 C 版本确定，一般为 512 字节。

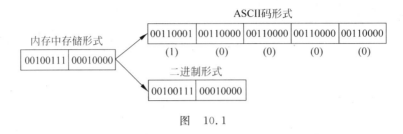

图　10.1

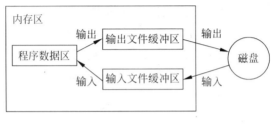

图　10.2

10.1.2　文件类型指针与文件处理过程

缓冲文件系统的关键概念是"文件指针"。每个被使用的文件都在内存中开辟一个区，用来存放文件的名字、文件状态、当前位置等有关信息，这些信息被保存在一个结构体变量中，该结构体类型被系统定义为 FILE。指向文件结构体变量的指针按如下形式定义：

FILE　＊文件类型指针名；

　　例如：FILE　＊fp；

定义 fp 是一个指向 FILE 结构体类型的指针变量，可以使 fp 指向某一个文件的结构体变量，从而通过该结构体变量中的文件信息访问该文件，即通过文件指针变量读写相应的文件。

　　如果程序要同时处理多个文件，就要对每个文件都定义相应的文件类型指针，例如：

FILE ＊ fp1, ＊ fp2, …, ＊ fpn;

其中 ＊ fp1, ＊ fp2, …, ＊ fpn 是文件类型指针。

　　文件的处理过程分为如下 3 步。

　　（1）打开文件；

　　（2）读写文件；

　　（3）关闭文件。

10.2 文件的建立

10.2.1 文件打开函数

1. 格式

FILE   * fopen(char * pname,char * mode)

2. 功能

该函数按照 mode 指定的方式打开 pname 指向的文件。

3. 参数说明

pname：指向文件名字符串的指针，该文件名标识要打开的文件；

mode：指向文件处理方式字符串的指针，处理方式字符串给出文件打开后的处理方式，如表 10.1 所示。

表 10.1

mode	处理方式	指定的文件不存在	指定的文件存在	含　义
r	只读	出错	正常打开	为输入打开一个文本文件
w	只写	建立新文件	文件原有内容丢失	为输出打开一个文本文件
a	追加	出错	在文件原有内容后追加	为追加打开一个文本文件
rb	只读	出错	正常打开	为输入打开一个二进制文件
wb	只写	建立新文件	文件原有内容丢失	为输出打开一个二进制文件
ab	追加	出错	文件原有内容后追加	为追加打开一个二进制文件
r+	读写	出错	正常打开	为读写打开一个文本文件
w+	读写	建立新文件	正常打开	为读写建立一个新的文本文件（先写后读）
a+	读写	出错	正常打开	为读写打开一个文本文件
rb+	读写	出错	正常打开	为读写打开一个二进制文件
wb+	读写	建立新文件	正常打开	为读写打开一个二进制文件
ab+	读写	出错	正常打开	为读写打开一个二进制文件

4. 返回值

当系统正常打开文件时，为该文件定义"文件结构体变量"，然后，把该结构体变量的地址作为返回值返回。若系统不能打开文件，则返回 NULL。

5. 使用注意事项

（1）程序必须用一个文件结构体类型的指针变量，接收 fopen 函数的返回值。例如，程序要打开一个名为 testfile 的文件，且处理方式为"只读"时，可如下操作：

```
FILE    * fp;
fp = fopen("testfile","r");
```

文件打开后,就可以利用 fp 得到处理该文件所需要的各种信息。

（2）程序使用 fopen 函数打开文件时,一般要检查文件打开的正确性,确定程序能否继续执行。例如：

```
if(fp = fopen("testfile","r") == NULL)
    { printf("file can not opend.\n");
        exit(1); }
```

其中,exit 函数停止程序的执行,使控制返回到操作系统。通常 fopen 函数的返回值为非 0(NULL)时,表示正常返回,即正常打开文件；为 0(NULL)时,表示非正常返回,即不能打开文件。

（3）表 10.1 中所列的文件打开方式是 ANSI C 标准的规定,目前使用的系统不一定提供全部规定功能,请使用时注意。

10.2.2　文件关闭函数

1. 格式

```
int   fclose(FILE * fp)
```

2. 功能

该函数关闭 fp 所指向的文件。系统打开文件时,为其分配一个文件结构体变量,系统关闭文件时,则释放该文件所拥有的文件结构体变量。

3. 参数说明

fp 是文件类型指针。

4. 返回值

正常返回时,返回值为 0；当关闭发生错误时,返回值为 EOF(−1)。可以用 ferror 函数来测试。

5. 使用注意事项

当文件不再读写时,要及时关闭文件,这样可以及时释放系统的资源（文件结构体变量）。如果在程序运行结束时还没有关闭文件,则会丢失数据。因为,在向文件写入数据时,数据先被存入缓冲区,当缓冲区满时才写入文件,当缓冲区不满时不写入文件。所以,当程序结束时,如果缓冲区尚未满,而又未关闭文件,则停留在缓冲区中的数据就会丢失。如果用 fclose 函数及时关闭文件,就会把尚未装满缓冲区的数据写入文件,避免数据丢失。

10.3 文件的读写

打开文件后,就可以读写它。用于读写的函数有 4 种:字符、字符串、格式化和二进制输入输出函数,它们都要求使用 stdio.h 头文件。

10.3.1 文件的字符输入输出函数

1. 文件的字符输入函数

(1) 格式。

```
int    fgetc(FILE * fp)
```

(2) 功能。

该函数从 fp 指定的文件中读取一个字符,即一个字节代码值。

(3) 参数说明。

fp 是一个文件类型指针,它指向要读的文件。

(4) 返回值。

正常返回:返回读取的字符代码。

异常返回:返回 EOF,当文件结束时也返回 EOF。

2. 文件的字符输出函数

(1) 格式。

```
int    fputc(int c,FILE * fp)
```

(2) 功能。

该函数把字符 c 写入 fp 指向的文件中。

(3) 参数说明。

c:一个整型变量或字符变量,其包含一个要输出的字符。

fp:文件类型指针。

(4) 返回值。

正常返回:写入文件中的字符代码。

错误返回:EOF。

【例 10.1】 编写一个文本文件的复制程序,sfile.txt 是被复制的源文件,dfile.txt 是复制后生成的新文件(目标文件)。

```
# include < stdio.h >
# include < stdlib.h >
int main()
{    char   c;
     FILE   * fps, * fpd;
     if ((fps = fopen("D:\\sfile.txt","r")) == NULL)
```

```
        { printf("sfile.txt can't be opened \n");
          exit(1);
             }
    if ((fpd = fopen("D:\\dfile.txt","w")) == NULL)
        { printf("dfile.txt can't be opened \n");
          exit(1);
             }
    while((c = fgetc(fps))! = EOF)
        fputc(c,fpd);
    fclose(fps);
    fclose(fpd);
    return 0;
      }
```

程序打开源文件和目标文件，如果打开文件有错误，则程序停止执行，控制返回操作系统；否则，开始复制文件。复制结束后，关闭源文件和目标文件。

10.3.2　文件的字符串输入输出函数

1. 字符串输入函数

（1）格式。

```
char fgets(char * s, int n, FILE * fp)
```

（2）功能。

从指定文件中读取一字符串。

（3）参数说明。

s：接收读取字符串的内存地址，可以是指针或数组。

n：读取字符的个数。

fp：指定读取的文件。

（4）返回值。

正常返回：读取到的字符串首地址。

异常返回：读到文件尾或出错时，返回 NULL。

（5）注意事项。

用 fgets 函数读取字符串时，如果下列条件之一满足，该字符串结束。

- 已读取 $n-1$ 个字符；
- 读取到回车字符；
- 读到文件尾。

fgets 函数读取字符串结束后，再向 s 指向的缓冲区送一个字符'\0'。当读取到回车字符时，fgets 函数也把回车字符送到 s 所指的缓冲区。

2. 字符串输出函数

（1）格式。

```
int fputs(char * s, FILE * fp)
```

（2）功能。

该函数把 s 指向的字符串写入 fp 指向的文件中。

（3）参数说明。

s：指向要输出的字符串，可以是指针、数组名或字符串常量。

fp：指定输出文件。

（4）返回值。

正常返回：返回输出的字符个数。

异常返回：返回 EOF。

【例 10.2】 编写程序，把文本文件 file2 连接在文本文件 file1 之后，连接后的新文件为 file1。

```
# include < stdio. h >
# include < stdlib. h >
# define   SIZE   256
int main( )
 {  char buf[SIZE];
    FILE   * fp1, * fp2;
    if ((fp1 = fopen("D:\\file1.txt","a")) == NULL)
     { printf("file1.txt can't opend \n");
      exit(1);
       }
    if ((fp2 = fopen("D:\\file2.txt","r")) == NULL)
     { printf("file2.txt can't opened \n");
      exit(1);
       }
    while(fgets(buf,SIZE, * fp2)! = NULL)
      fputs(buf,fp1);
    fclose(fp1);
    fclose(fp2);
    return 0;
       }
```

10.3.3 文件的格式化输入输出函数

与格式化输入输出函数 printf 和 scanf 相对应，文件也有格式化输入输出函数 fprintf 和 fscanf。

1. 文件的格式化输出函数

（1）格式。

```
fprintf(FILE * fp,"输出格式描述串",输出项表列)
```

（2）功能。

该函数将输出项表列中的各项，按照指定格式输出到 fp 所指定的文件中。

（3）参数说明。

fp：文件类型指针，指定输出文件。

输出格式描述串：给出输出格式，其与 printf 函数的格式相同。

输出项表列：指定输出项，各项用逗号分开。

（4）返回值：无。

fprintf 函数向文件输出的是字符（ASCII 码）。fprintf 函数输出数值型数据时，首先把二进制数据转换为字符，然后再将字符的 ASCII 代码输出到文件。例如：

```
a = 15;
fprintf(fp,"%d",a);
```

首先把 a 中的二进制数据（00000…01111）转换为字符'1'和'5'，然后将其 ASCII 代码 49 和 53 输出到文件。

2. 文件的格式化输入函数

（1）格式。

```
fscanf(FILE * fp,"输入格式描述串",输入项表列)
```

（2）功能。

该函数从 fp 指定的文件中，按照指定格式读入数据到相应的输入项表列中。

（3）参数说明。

fp：文件指针，指定输入文件。

输入格式描述串：与 scanf 函数的相同。

输入项表列：把从指定文件读入的数据赋给相应的输入项，各输入项之间用逗号分开。

（4）返回值：无。

【例 10.3】　fscanf 和 fprintf 函数应用示例。

```
# include < stdio. h>
# include < stdlib. h>
int main( )
{   char str[80];
    int k;
    FILE * fp;
    if((fp = fopen("testfile","w")) == NULL)          /* 打开输出文件 testfile */
    {   puts("The file can't be opened");
        exit(1);
        }
    scanf("%s %d",str,&k);                            /* 从键盘输入 */
    fprintf(fp,"%s %d",str,k);                        /* 将 str、k 的值写入 testfile 文件 */
    fclose(fp);
    if((fp = fopen("testfile","r")) == NULL)          /* 打开输入文件 */
    {   puts("The input file can't be opened");
        exit(1);
      }
    fscanf(fp,"%s %d",str,&k);                        /* 从 testfile 文件读入值并赋给 str、k */
    printf("%s %d",str,k);                            /* 在屏幕上输出 */
    fclose(fp);
```

```
        return 0;
        }
```

程序运行结果如下：

```
Teststring 105 ↵                    / * 从键盘输入的串和整数 * /
Teststring 105                      / * 屏幕上显示的结果 * /
```

该程序首先将从键盘输入的一个字符串和一个整数写入文件 testfile 中，然后再把从 testfile 中读入的一个字符串和一个整数显示在屏幕上。在"fscanf(fp,"％s ％d",str,&k)；"语句中，从文件读取的是 ASCII 码（字符），对于读取的以字符表达的数值数据，如 105，fscanf 把其先转换为二进制数再赋给变量 k。

fprintf 和 fscanf 函数使用方便。但是，用它们对数值型数据输入或输出时，需要进行二进制转换，如果输入输出数据量大，将会明显降低执行速度。因此，对磁盘文件输入输出数值型数据时，应该使用 fread 和 fwrite 函数。

10.3.4　文件的二进制输入输出函数

前面介绍的输入输出函数均按字符格式输入输出数据，下面介绍以二进制形式输入输出数据的函数。

1. fread 函数

（1）格式。

```
int fread(数据类型标识符  * buf,unsigned size,unsigned num,FILE * fp)
```

（2）功能。

该函数从 fp 指定的文件中以二进制形式读取数据块。

（3）参数说明。

buf：指针型变量，指出读入数据存放区域的首地址。

size：一次读入的字节数。

num：读入次数。

fp：文件指针。

例如：

```
fread(x,4,2,fp);
```

从 fp 指定文件中一次读取 4 个字节，共读取两次，读入的结果存入 x 存储区中。如果读取文件中存放的是实数，则一次读取一个实数，共读取两个实数，x 可视为数组。

又如：

```
struct   emp
  {   int id;
      char name[20];
      int age;
      char addr[20];
      }   teacher[50];
```

```
    ⋮
    for (i = 0; i < 50; i++)
       fread (&teacher[i], sizeof(struct emp), 1, fp);
```

"fread（&teacher[i]，sizeof(struct emp)，1，fp)；"一次从 fp 指定文件中读取一位教师的信息，每执行一次 fread 函数只读取一位教师的信息。

（4）返回值。

正常返回：返回 num 的值，即读取多少次 size 字节。

异常返回：遇文件结束或发生错误，则返回。

2. fwrite 函数

（1）格式。

```
int fwrite(数据类型标识符 * buf, unsigned size, unsigned num, FILE  * fp)
```

（2）功能。

该函数将 buf 存储区中的数据以二进制形式写入 fp 指定的文件中。

（3）参数说明

buf：指针型变量，指出一个存储区的首地址，该存储区中存放要输出的数据。

size：要输出的字节数。

num：调用一次该函数要求写 num 次 size 字节数据。

fp：指定输出文件。

例如：

```
struct  emp  teacher[50];
for(i = 0; i < 50; i++)
   fwrite(&teacher[i], sizeof(struct  emp), 1, fp);
```

每调用一次该函数，就输出一位教师的信息。即输出一个结构体变量。

（4）返回值。

正常返回：num 的值。

异常返回：0，表示文件输出结束或出错。

【例 10.4】　编写程序，把一个职员信息的磁盘文件 empfile1 复制到文件 empfile2 中，并显示在屏幕上。

```
# include < stdio. h >
# include < stdlib. h >
# define  SIZE  4
struct  emp
{   int  id;
    char  name[20];
    int  age;
    char  addr[80];
    };
int main()
  {  struct  emp  empbuf;
```

```
FILE   * fp1, * fp2;
fp1 = fopen("empfile1","rb");
if(fp1 == NULL)
{   printf("The file can't be opened \n");
    exit(1);
    }
fp2 = fopen("empfile2","wb");
if(fp2 == NULL)
{   printf("The file can't be opened \n");
    exit(1);
    }
while (fread(&empbuf,sizeof(struct emp),1,fp1) == 1)      / * 读文件 * /
  { fwrite(&empbuf, sizeof(struct emp),1,fp2);            / * 写文件 * /
    printf(" % d % - 10s % 4d % - 15s\n",empbuf.id,empbuf.name,
                      empbuf.age,empbuf.addr);            / * 屏幕输出 * /
        }
fclose(fp1);                                              / * 关闭文件 * /
fclose(fp2);                                              / * 关闭文件 * /
return 0;
 }
```

该程序每次以二进制形式从 empfile1 文件中读取一个结构体类型(emp)的数据,然后把该数据写到 empfile2 文件中,并显示在屏幕上。当 fread 函数返回值不等于 1 时,就意味着读出错,或读结束,此时结束循环。

10.3.5　文件状态检查函数

1. 文件读写结束检查函数

在用 fgetc 或其他函数读文件时,如果返回值为 EOF(−1),则表示文件结束。这个结论只适合于以字符形式读文件,因为 ASCII 编码中没有编码为−1 的字符。如果以二进制形式读文件,返回的−1 也可能是数据。在这种情况下,不能断定返回−1 就一定是文件结束。函数 feof 可以确定文件是否结束。

(1) 格式。

int feof(FILE * fp)

(2) 功能。

该函数判定文件是否结束。

(3) 参数说明。

fp:文件指针。

(4) 返回值。

1:表示文件结束。

0:表示文件未结束。

2. ferror 函数

(1) 格式。

```
int ferror(FILE * fp)
```

（2）功能。

在调用各种输入输出函数时，可用该函数检查是否出错。

（3）参数说明。

fp：文件指针。

（4）返回值。

正常返回：0。

异常返回：非 0。

由于该函数用来检查输入输出函数的每次调用是否有错，因此，要在调用输入输出函数后立即调用该函数，以检查输入输出函数的引用是否正确。例如：

```
c = fgetc(fp);
if (ferror(fp))
    printf("I/O error: \n");
```

3. clearerr 函数

（1）格式。

```
void  clearerr(FILE * fp)
```

（2）功能。

该函数将文件的错误标志设置为 0。当文件输入输出发生错误时，其错误标志被置为非 0，该值一直保持到再一次调用输入输出函数。

（3）参数说明。

fp：文件指针。

（4）返回值：无。

10.3.6　文件定位函数

在每一个文件的文件结构体变量中，都有一个指向当前读写位置的指针。在顺序读写一个文件时，每次读写都要修改指针的指向，使它指向下一次要读写的位置。如果想改变这个规律，可以使用文件定位函数，使指针指向特定的位置。

1. rewind 函数

（1）格式。

```
void  rewind(FILE * fp)
```

（2）功能。

该函数使文件的读写位置指针重新指向文件的开头。

（3）参数说明。

fp：文件指针。

（4）返回值：无。

例如：

```
# include < stdio.h>
int main( )
{   FILE   * fp1, * fp2;
    fp1 = fopen("filename1","r");
    fp2 = fopen("filename2","w");
    while(!feof(fp1))
        putchar(fgetc(fp1));
    rewind(fp1);                      /* 文件指针重定位 */
    while(!feof(fp1))                 /* 将文件 filename1 复制到 filename2 中 */
        fputc(fgetc(fp1),fp2);
    fclose(fp1);
    fclose(fp2);
    return 0;
    }
```

该程序在第 1 次读完 filename1 文件后，文件的读写位置指针指向文件末尾。执行函数 rewind(fp1)后，文件读写位置指针又指向文件的开头。于是，不需要重新打开就可以复制该文件到 filename2 中。

2. fseek 函数

（1）格式。

```
int fseek(FILE * fp,long offset,int base)
```

（2）功能。

该函数将 fp 指定文件的读写位置指针设定为基于 base 相对位移量为 offset 的位置。

（3）参数说明。

fp：文件指针。

offset：相对位移量，即相对于 base 的位移量。

base：计算相对位移量的基点，它可取 0、1 和 2 3 个值之一。ANSI C 标准为这 3 个值规定了如下的名字和含义：

base 取值	命名	含义
0	SEEK_SET	文件开头
1	SEEK_CUR	文件当前位置
2	SEEK_END	文件末尾

例如：

```
fseek(fp,200L,0);          /* 将文件读写位置指针移到距文件开头 200 个字节的位置 */
fseek(fp,100L,1);          /* 将文件读写位置指针移到距当前位置 100 个字节的位置 */
fseek(fp, - 50L,SEEK_END); /* 将文件读写位置指针移到距末尾 50 个字节的位置 */
```

（4）返回值。

正常返回：当前指针位置。

异常返回：—1。

利用该函数可实现文件的随机读写，即可读写文件中任意指定位置的字符(字节)。

3. ftell 函数

（1）格式。

```
long ftell(FILE * fp)
```

（2）功能。

该函数用于取得流式文件当前的读写位置，该位置用相对于文件开头的位移量来表示。

（3）参数说明。

fp：文件指针。

（4）返回值。

正常返回：位移量。

异常返回：−1，表示出错。

例如：

```
if(ftell(fp) == − 1)
    printf("error\n");
```

第 **11** 章

上机实验

11.1 实验概述

"程序设计基础"课程是一门实践性很强的课程。若要熟练运用程序设计方法解决难度适中的程序设计问题,必须进行大量的上机实践。一般来说,上机与上课时间之比应不少于2∶1,编写的有效代码量应不少于 1000 行,只有这样做才能达到这门课程的要求。所以,要求大家在课内上机时间之外,再至少安排 36 小时的上机实践。

11.1.1 实验目的

(1) 编写程序代码并调试程序;
(2) 验证、修改程序的数据结构和算法;
(3) 深入理解并掌握学习内容;
(4) 掌握 VC++ 6.0 集成开发环境的使用,为后续课程学习与实践奠定基础。

11.1.2 实验准备工作

(1) 分析实验题目,定义题目的数据结构,设计题目的算法流程图,编写程序;
(2) 准备测试程序所需的数据,并对每组测试数据给出预期的程序运算结果。

11.1.3 实验要求

(1) 如实记录程序的输出结果;
(2) 记录上机出现的问题和解决方法;
(3) 按时完成实验报告;
(4) 对不掌握或掌握得不好的学习内容,要及时复习或答疑。

11.1.4 实验报告内容

(1) 实验题目(实验 X: X 题);
(2) 问题分析;
(3) 数据结构;

（4）算法流程图；

（5）程序；

（6）测试数据与预期结果；

（7）程序运行的输出结果；

（8）上机出现的问题和解决方法。

11.2　上机操作指导

11.2.1　VC++ 6.0 集成开发环境简介

VC++ 6.0 是 Visual C++ 6.0 的缩写，Visual C++ 6.0 是一个开发 C 和 C++程序的集成开发环境，它是 Microsoft 公司提供的 Visual Studio 6.0 开发工具箱中的工具之一。Visual Studio 开发工具箱提供了一整套开发 Internet 和 Windows 应用程序的工具，包括 Visual C++、Visual Basic、Visual FoxPro、Visual InterDev、Visual J++以及其他辅助工具与联机帮助系统 MSDN。Visual Studio 6.0 有学习版、专业版和企业版 3 个版本，不同的版本适合于不同类型的应用开发，本章简要介绍企业版。

集成开发环境 IDE(Integrated Development Environment)是一个用于开发应用程序的软件系统，它集成了程序编辑器、编译器、链接器、调试工具和其他建立应用程序的工具。IDE 帮助程序员快速正确地开发应用程序，提高开发效率。

1. VC++ 6.0 主要窗口

如图 11.1 所示，VC++ 6.0 集成开发环境分为 4 部分。

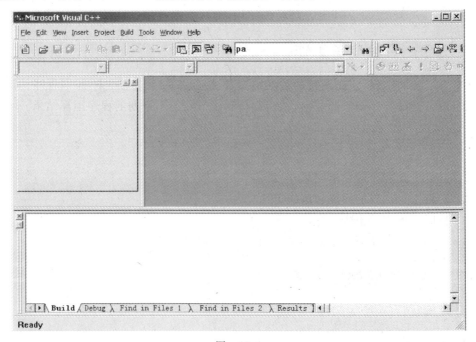

图　11.1

（1）窗口界面的最上端是标题栏、菜单栏和工具栏；

（2）窗口界面中间部分的左侧是工作区窗口，右侧是源代码的编辑窗口；

（3）窗口界面的下方是输出窗口；

（4）窗口界面的最下方是状态栏。

对于标题栏、菜单栏、工具栏和状态栏等标准 UI 组件的使用，大家在上机操作过程中会逐渐熟悉，下面介绍工作区、编辑和输出窗口，这 3 个窗口在程序开发过程中使用频率最高。

工作区窗口（Workspace 窗口）：这个窗口包含开发项目的有关信息，它有·3 个页面，依次为类浏览（ClassView）、资源浏览（ResourceView）和文件浏览（FileView）。当打开一个项目后，工作区窗口将会显示关于当前项目的文件、资源和类的信息。如图 11.2 所示，这是一个项目 hello 的文件浏览界面的工作区窗口。

源代码编辑窗口：这个区域可以显示各种类型的文档，如源代码文件、头文件、资源文件等。如图 11.3 所示，这是项目 hello 的一个源文件 hello. cpp 的源代码编辑窗口。

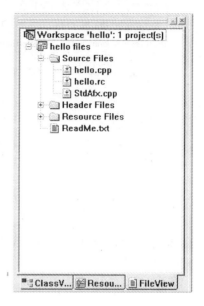

图 11.2

```
// hello.cpp : Defines the entry point for the application.
//

#include "stdafx.h"
#include "resource.h"

#define MAX_LOADSTRING 100

// Global Variables:
HINSTANCE hInst;                                    // current instance
TCHAR szTitle[MAX_LOADSTRING];                          // The title bar text
TCHAR szWindowClass[MAX_LOADSTRING];                        // The title bar tex

// Foward declarations of functions included in this code module:
ATOM              MyRegisterClass(HINSTANCE hInstance);
BOOL              InitInstance(HINSTANCE, int);
LRESULT CALLBACK  WndProc(HWND, UINT, WPARAM, LPARAM);
LRESULT CALLBACK  About(HWND, UINT, WPARAM, LPARAM);

int APIENTRY WinMain(HINSTANCE hInstance,
                     HINSTANCE hPrevInstance,
                     LPSTR     lpCmdLine,
                     int       nCmdShow)
{
```

图 11.3

输出窗口（Output 窗口）：输出窗口用来显示各种信息，通过选择不同的标签显示不同的信息。这些信息包括编译连接结果信息（Build 标签）、调试信息（Debug 标签）、查找结果信息（Find in Files 标签），其中查找结果信息有两个标签，可以显示两次在文件中查找指定内容的结果。项目 hello 编译时输出窗口的显示内容如图 11.4 所示。

```
--------------------Configuration: hello - Win32 Debug--------------------
Compiling...
hello.cpp
D:\aa\hello\hello\hello.cpp(43) : error C2065: 'msg' : undeclared identifier
D:\aa\hello\hello\hello.cpp(43) : fatal error C1903: unable to recover from previous error(s);
Error executing cl.exe.

hello.exe - 2 error(s), 0 warning(s)
```
◄ ► \ Build ∕ Debug ∖ Find in Files 1 ∖ Find in Files 2 ∖ Results ∕ ◄ ►

图　11.4

2. MSDN 简介

在 Visual Studio 以前的版本中，帮助信息随开发文件一起提供，而 Visual Studio 6.0
将帮助信息、相关开发文档和例子全部独立出来，形成 MSDN（Microsoft Developer
Network）。MSDN 是一个庞大的资料库，其含有的各种文档、示例程序和源代码等资料超
过 1.2GB(2CD)。

在开发环境中，可以随时按下 F1 键或单击 Help 菜单下的 Contents 菜单项进入
MSDN，其主界面如图 11.5 所示。

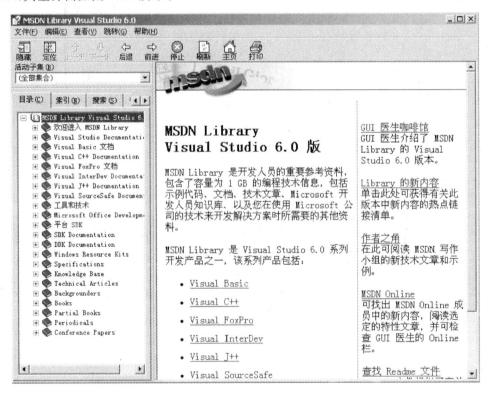

图　11.5

11.2.2　项目开发过程

在 VC++ 6.0 中开发应用程序非常容易，它提供一个应用程序向导 AppWizard，帮助完
成应用程序的开发。AppWizard 逐步地向程序员提出问题，询问所创建项目的特征；然后，
根据这些特征自动生成一个可以执行的程序框架；最后，程序员在这个框架下填充程序内

容。下面通过 AppWizard 建立一个简单的 Console(控制台)应用程序 first。

首先,在 File 菜单中选择 New 菜单项,这时将出现如图 11.6 所示的界面,选择 Projects(项目)选项卡,在此选项中选择应用程序类型为 Win32 Console Application,然后,填写项目名称为 first,在 Location 中选择 first 程序存放的位置,最后,单击 OK 按钮。

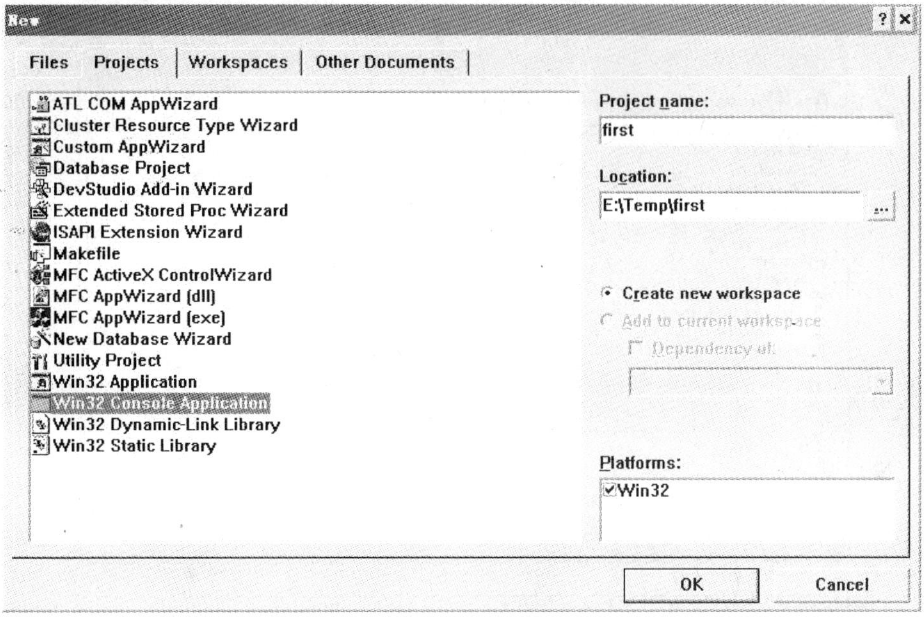

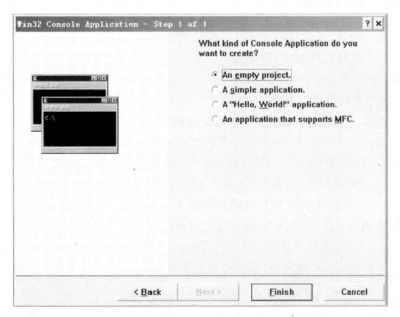

图 11.6

这时 AppWizard 被调出,帮助建立应用程序。在开始学习时,要从最基本的学起,所以,选择第一个选项:An empty project(一个空工程),如图 11.7 所示,再单击 Finish 按钮。

图 11.7

此时项目中什么都没有，为了编写代码，需要在项目中加入适当文件，例如，要加入一个C语言源文件 main.c。具体操作是：在 File 菜单中选择 New 菜单项，出现如图 11.8 所示的窗口，选择类型为 C++ Source File，命名文件为 main.c。

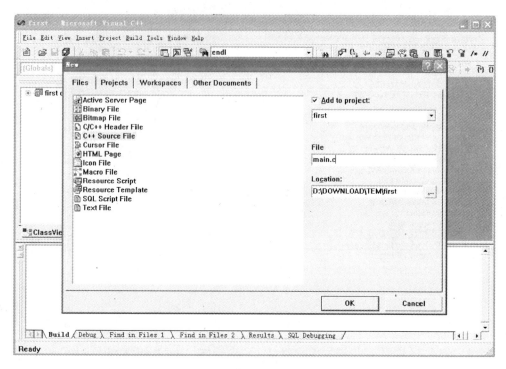

图　11.8

11.2.3　项目组织

在 VC++ 6.0 中，每个项目和文件的组织与管理都采用如下 3 种形式。

（1）工作区：在 IDE 环境中，只能有一个工作区，所有项目都在此工作区中；

（2）项目：一个应用程序对应一个项目；

（3）文件：一个项目可以有多个文件。

根据 VC++ 6.0 项目管理的特点，将相关应用程序放在一个工作区中进行管理。下面建立第二个 Console 应用程序 second，并将它放在 first 所在的工作区中。首先，在 first 项目的工作区窗口中新建 Console 应用程序 second，步骤同前。注意：此时需将 Add to current workspace 复选项选上，如图 11.9 所示。

建成的 second 项目与 first 项目共同处于一个工作区中，但是，在某一个时刻只能有一个项目处于激活状态，这需要在不同的项目之间进行切换，有两种方法。

方法 1：在 Project 菜单中的 Set Active Project 菜单项中进行选择，如图 11.10 所示。

方法 2：在 Workspace 窗口中，在需要设置为激活状态的项目上单击右键，选择 Set as Active Project，如图 11.11 所示。

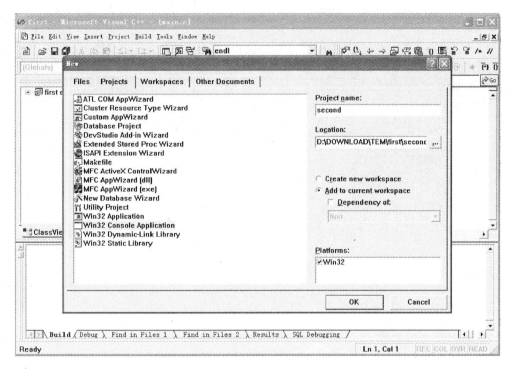

图 11.9

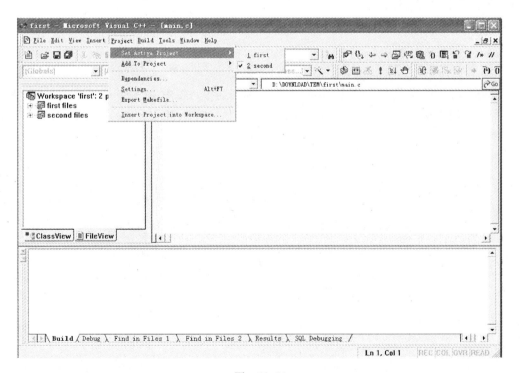

图 11.10

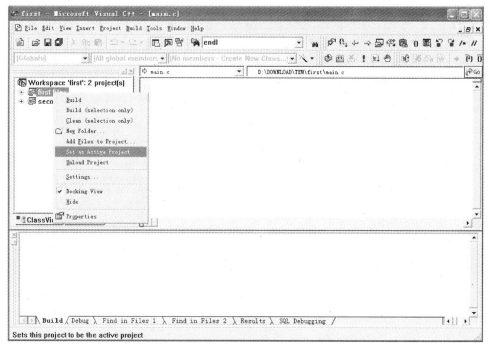

图　11.11

11.3　程序调试

11.3.1　应用程序版本

VC++ 6.0 将项目分为两种版本进行处理，这两个版本为 Debug 和 Release。其中 Debug 版本用于程序的开发过程，该版本产生的可执行程序带有大量的调试信息，可以供调试程序使用，生成的可执行文件较大，并且没有经过优化处理；Release 版本作为最终的发行版本，没有调试信息，并且带有某种形式的优化，生成的可执行文件较小。

选择产生 Debug 版本还是 Release 版本的方法是：选择 Build 菜单中的 Set Active Project Configuration 菜单项，在弹出的对话框中，选择所要的类型，如图 11.12 所示。

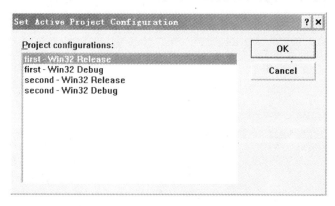

图　11.12

如果需要调试程序,一定要将程序设置为 Debug 版本,否则调试无法进行。

11.3.2　调试工具

调试应用程序的目的是找出程序中存在的错误,这里讲的错误不是词法和语法错误,而是逻辑错误,即程序编译连接正常,但是,运行结果与预期结果不一致,这种错误就是逻辑错误。调试应用程序时,应用程序要处于调试状态,并且需要工具的配合。下面简要介绍常用的调试工具和调试方法。

首先,调出调试工具栏,这是一个浮动窗口,既可以放在工具栏上,也可以作为浮动窗口出现,如图 11.13 所示。

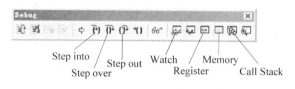

图　11.13

然后,单击 Step into 或 Step over,程序进入调试状态,并在黄色箭头所指位置停下来,如图 11.14 所示。Step into 和 Step over 都是单步调试,两者之间的区别是 Step into 遇到函数时进入,而 Step over 遇到函数时不进入。Step out 用于从函数中跳出。

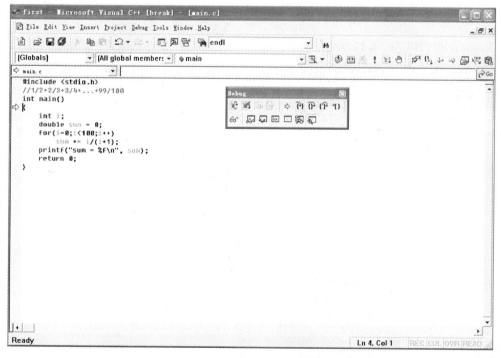

图　11.14

这时可以借助各种调试工具判断程序的执行状态,找出程序的错误。常见的调试工具有 Watch 窗口、Register 窗口、Memory 窗口和 Call Stack 窗口。

Watch 窗口用于观察程序处于当前位置时变量或表达式的值，可以直接将变量或表达式拖入 Watch 窗口或在 Watch 窗口中输入，如图 11.15 所示。

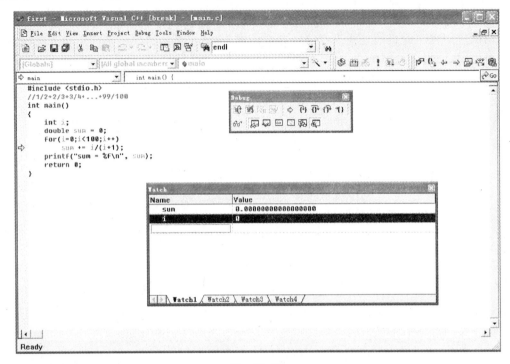

图　11.15

Register 窗口用于观察程序处于当前位置时 CPU 中各个寄存器的状态，如图 11.16 所示。

图　11.16

Memory 窗口用于观察程序处于当前位置时，各个内存单元十六进制的值，如图 11.17 所示。

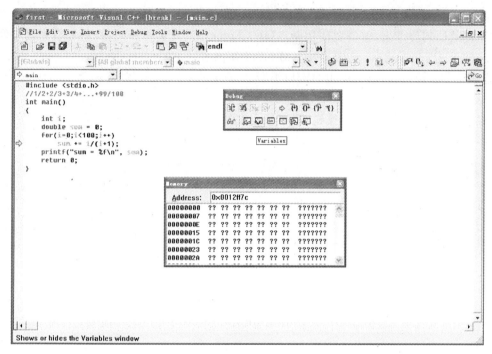

图 11.17

Call Stack 窗口用于观察程序各个函数之间的调用关系，并且可以在各个函数之间进行切换，如图 11.18 所示，其中黄色箭头为当前正在处理的函数。

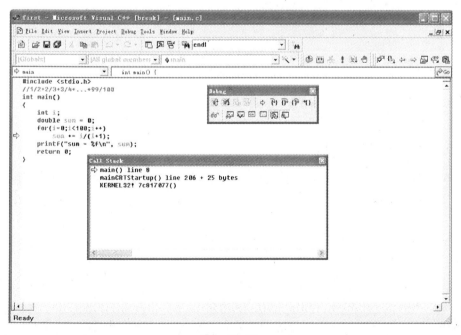

图 11.18

11.3.3　使用断点

在调试过程中，使用 Step into 或 Step over 步进程序，每次只能前进一步，如果需要程序在指定的语句停下来，就需要使用断点（Breakpoint）。设置断点时，将鼠标放在需要程序停下来的语句行上，然后，单击 Build MiniBar 工具栏上的 Insert/Remove Break Point 选项，这是一个切换按钮，再次单击时则取消断点，这时，断点所在行的左侧就会出现一个红色实心球，表明断点设置成功。

设置断点成功后，单击 Go 按钮，程序就会在断点位置停下来。另外，在一个程序中可以设置多个断点，这样结合 Step into 与 Step over 就可以在任何位置停下程序，如图 11.19 所示。

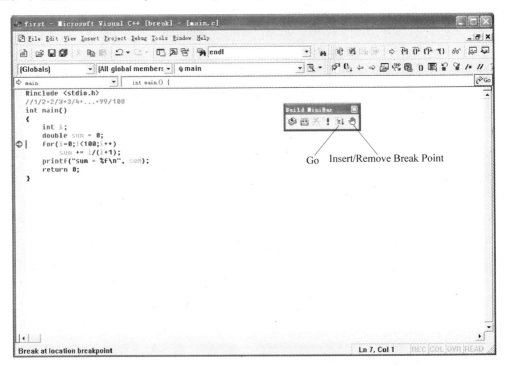

图　11.19

11.3.4　调试实例

程序需求：求数列 $1/2+2/3+\cdots+99/100$ 的和，并将结果显示出来。程序代码如下：

```
1.  int main( )
2.  {
3.    int i;
4.    double sum = 0;
5.    for( i = 1; i < 100; i + + )
6.        sum + = i/( i + 1);
7.    printf("sum  =  % f\n",sum);
8.    return 0;
9.  }
```

程序编译、链接正确,但输出为0,运行结果不正确,这时就需要调试程序。在第6行位置设置断点后Go,程序暂停后将变量i、sum和表达式i/(i+1)都放入Watch窗口中观察,此时状态如图11.20所示。

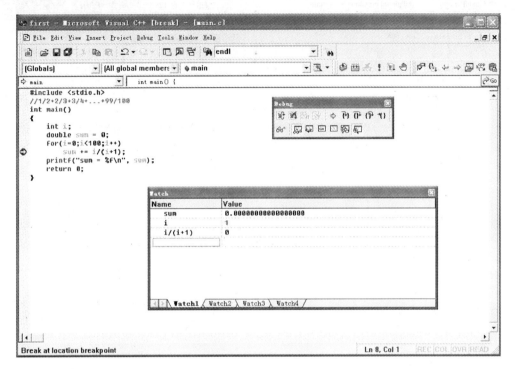

图 11.20

这时i=1,sum=0,表达式i/(i+1)=0。分析变量i和sum都是初值,没有问题,可是,当i=1时表达式i/(i+1)为1/(1+1),它的正确值应该是0.5,运算结果与预期值不一致。为找到错误,再看一步,继续Go,此时状态如图11.21所示。

此时i=2,表达式i/(i+1)为2/(2+1),它的正确值应该是0.67,然而此时表达式i/(i+1)的值还是0,这说明表达式i/(i+1)有错误。原因何在? 查阅运算符"/"后,我们知道:当两个整数相除时,其结果仍为整数,小数部分被略去。i/(i+1)表达式中的i和(i+1)都为整数,且(i+1)大于i,这样整型表达式i/(i+1)的值就是0。经过分析,程序的逻辑错误就被找到了,接下来改正找到的错误就简单多了,只要将表达式i/(i+1)改成i/(i+1.0)即可,此时表达式的值变成double类型,改正后的程序代码如下:

```
1. int main( )
2. {
3.     int i;
4.     double sum = 0;
5.     for(i = 1;i < 100;i ++ )
6.         sum + = i/(i + 1.0);
7.     printf("sum =  % f\n",sum);
8.     return 0;
9. }
```

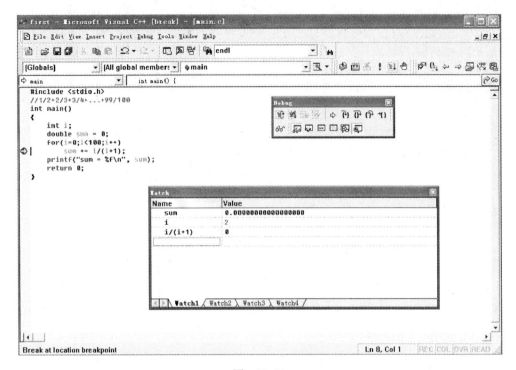

图　11.21

11.4　实验内容

11.4.1　实验一　顺序和选择结构

1. 实验要求

（1）掌握应用 VC++ 6.0 集成开发环境开发 Console 应用程序的基本步骤和方法，熟悉程序从编辑→编译→链接→生成可执行文件的全部过程。

（2）掌握基本数据类型、各类运算符和表达式的用法。

（3）掌握 C 语言 I/O 操作的两个常用函数：printf 与 scanf 的基本用法。

（4）掌握 if 语句和 switch…case 语句的用法。

（5）能够设计、编写、调试出解决简单顺序结构和选择结构问题的程序。

2. 实验性质

设计性。

3. 实验题目

（1）编写一个程序输出如下图形：

```
*************************
***     Hello C!      ***
*************************
```

（2）编写一个程序，要求是：定义两个整型变量，从键盘输入它们的值，分别计算并输出它们的和、差、积。

（3）编写一个程序，要求是：从键盘输入一个整数，如果该整数小于 0，则输出数据错误提示。

（4）编写一个程序，要求是：从键盘输入两个实数，按数值由小到大次序输出这两个实数。

（5）编写一个程序，要求是：从键盘输入三个整数，将其中最大的输出。

（6）编写一个判断五级分制成绩是否及格的程序，成绩等级为：A、B、C、D、E。具体要求是：从键盘输入一个成绩等级，如果成绩为 A 或 B 或 C 或 D 则为及格，输出信息 passed；如果成绩为 E 则为不及格，输出信息 no passed；如果输入的是其他字母，则提示输入错误。

（7）＊从键盘输入两个浮点型运算数 data1 和 data2 以及一个字符型运算符 op，计算表达式：data1 op data2 的值并输出。其中 op 只能为："＋"、"－"、"＊"、"/"之一，当输入其他字符时要提示输入错误；另外，当运算符为"/"，要考虑被除数为零的情况，并提示输入错误。

11.4.2　实验二　循环结构

1．实验要求

（1）掌握 while 循环的用法；
（2）掌握 do-while 循环的用法；
（3）掌握 for 循环的用法；
（4）掌握 break、continue 语句在循环中的应用；
（5）综合顺序结构、选择结构、循环结构，能够编写出实用性较强的应用程序。

2．实验性质

设计性。

3．实验题目

（1）计算数列：$1＋1/2＋1/3＋1/4＋\cdots＋1/99＋1/100$ 的和并输出。

（2）求出 1～100 之间不能被 7 整除的整数，并将其输出，要求输出时每行只有 5 个整数。

（3）从键盘输入两个数，求它们的最大公约数和最小公倍数并输出。

（4）输入一条完整的英文句子，其长度不超过 80 个字符并且以句号结束，统计其中有多少个单词。

（5）＊哈雷彗星 1682 年被发现，它光临地球的周期是 76 年，请问从公元元年到公元 2000 年间，它共来过地球几次。

（6）＊银行 ATM（自动提款机）模拟系统，要求：
① 如果密码输入错误 3 次，提示吞卡。

② 根据菜单进行操作。菜单为：1—存款；2—取款；3—余额显示；4—退出。

提示：先分别解决问题①和②，然后再综合①和②的解。

11.4.3　实验三　构造数据类型

1．实验要求

（1）掌握一维、二维和字符数组的定义、初始化和使用方法；

（2）掌握结构体变量的定义、初始化和使用方法；

（3）熟练应用构造数据类型设计程序。

2．实验性质

综合性。

3．实验题目

（1）输出 Fibonacci 数列（数列定义参见例 7.13）的前 30 项，每行 5 个输出。

（2）定义一个 4×4 整型矩阵，并完成数据的初始化（要求数据不重复），然后输入一个要查找的整数，若在矩阵中找到，则输出其所在的行号、列号，否则提示找不到。

（3）从键盘输入一个小于 20 个字符长度的字符串，统计其中英文、数字、空格以及其他字符的个数并输出。

（4）统计一个寝室（4 人）的期末考试成绩。考试科目包括高数、外语、计算机，求每个人的总分、平均分以及每门课程的总分、平均分。

（5）＊从键盘随机输入 10 个整数，将它们从小到大排序后输出。

（6）＊从键盘输入一个小于 20 个字符长度的字符串，将其倒序并输出。例如：hello→olleh。

11.4.4　实验四　函数

1．实验要求

（1）掌握函数的定义、声明与调用方法，理解 C 语言中函数参数传递的方式；

（2）掌握函数的嵌套、递归调用方法；

（3）掌握数组元素和数组名作函数实参的使用方法；

（4）掌握局部变量与全局变量的使用方法，了解 static 变量的用法；

（5）熟练应用函数进行程序设计。

2．实验性质

设计性。

3．实验题目

（1）编写判断一个数是否为素数的函数，函数原型为：int IsPrime(int n)，是素数则返回 1，不是则返回 0。

（2）求 1/2! ＋ 1/3! ＋…＋ 1/10! 的和并输出，其中求 n! 的值用函数实现，函数原型为：int Func(int n)。

（3）编写函数，求 m^n 的值，函数原型为：int Func(int m,int n)。

（4）编写字符串拷贝函数，函数原型为：void MyStrcpy(char Deststr [ ],char Sourstr [ ])。

（5）＊编写一个程序求解复利问题，具体要求为：假设年利率为 10％，存入 10000 元，那么 10 年后连本带息共有多少钱（提示：可使用递归实现）。

11.4.5　实验五　指针

1．实验要求

（1）掌握指针变量的定义与使用；

（2）掌握指针在函数参数传递时的使用方法；

（3）掌握应用指针操作数组和字符串的方法；

（4）比较熟练地应用指针进行程序设计。

2．实验性质

设计性。

3．实验题目

（1）编写一个函数实现两个数的交换，函数原型为：void Swap(int ＊a,int ＊b)。

（2）编写一个函数，求一个整型数组的最大值、最小值，函数原型为：void func(int a[ ],int n,int ＊pmax,int ＊pmin)；体会使用形参返回多个值方法。

（3）用指针法完成字符串连接函数，其函数原型为：char ＊MyStrcat(char ＊Deststr,char ＊Sourstr)。

（4）＊用指针法将一个长度小于 20 的字符串倒序并输出。

11.4.6　实验六　文件操作

1．实验要求

（1）掌握 C 语言文件操作的基本方法；

（2）能够编写简单的文件操作程序。

2．实验性质

设计性。

3．实验题目

（1）编写一个程序实现读文件的功能，并将结果显示在 Console 窗体中。

（2）编写一个程序实现将文件 1 拷贝到文件 2 的功能。

说明：在实验题目中没有 ＊ 号的题目为基本题目，带有 ＊ 号的题目为稍有难度的题目。

附录　常用字符与 ASCII 代码对照表

ASCII 值（十进制）	字符	ASCII 值（十进制）	字符	ASCII 值（十进制）	字符	ASCII 值（十进制）	字符
32	（space）	55	7	78	N	101	e
33	!	56	8	79	O	102	f
34	"	57	9	80	P	103	g
35	#	58	:	81	Q	104	h
36	$	59	;	82	R	105	i
37	%	60	<	83	S	106	j
38	&	61	=	84	T	107	k
39	'	62	>	85	U	108	l
40	(	63	?	86	V	109	m
41	)	64	@	87	W	110	n
42	*	65	A	88	X	111	o
43	+	66	B	89	Y	112	p
44	,	67	C	90	Z	113	q
45	—	68	D	91	[	114	r
46	.	69	E	92	\	115	s
47	/	70	F	93	]	116	t
48	0	71	G	94	ˆ	117	u
49	1	72	H	95	_	118	v
50	2	73	I	96	`	119	w
51	3	74	J	97	a	120	x
52	4	75	K	98	b	121	y
53	5	76	L	99	c	122	z
54	6	77	M	100	d		

参 考 文 献

[1] 中国计算机科学与技术学科教程 2002 研究小组. 中国计算机科学与技术学科教程 2002(China Computing Curricula 2002). 北京：清华大学出版社,2002.

[2] 教育部高等学校计算机科学与技术教学指导委员会. 高等学校计算机科学与技术专业人才专业能力构成与培养. 北京：机械工业出版社,2010.

[3] 张海藩. 软件工程导论. 北京：清华大学出版社,2008.

[4] 刘综田. 程序设计方法学教程. 北京：机械工业出版社,1992.

[5] 谭浩强. C 程序设计. 北京：清华大学出版社,1999.

[6] 冯博琴等. 精讲多练 C 语言. 西安：西安交通大学出版社,1997.

[7] 彭澎. 程序设计方法与 PASCAL 语言. 北京：清华大学出版社,1998.

[8] 石峰. 程序设计基础. 北京：清华大学出版社,2003.